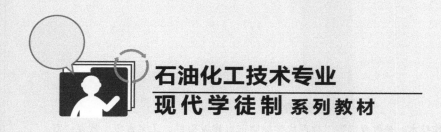

石油化工技术专业
现代学徒制系列教材

加氢深度精制装置操作技术

张辉　高坤　主编

化学工业出版社
·北京·

内 容 简 介

《加氢深度精制装置操作技术》是教育部第二批现代学徒制试点建设项目、辽宁省职业教育"双师型"名师工作室和教师技艺技能传承创新平台、盘锦浩业化工有限公司职工创新工作室的建设成果，主要介绍加氢深度精制装置操作技术。具体目标是培养学生识读、绘制深度加氢装置中常见设备的启停切换及日常维护情况；熟悉原料、产品的性质指标、产品质量异常调整；能进行异常情况处理；会（在仿真软件上）进行装置的冷态开车、正常操作等。

本书可作为职业院校教学行政管理人员、专业教师、现代学徒制"双导师"、企业人力资源从业人员和从事现代学徒制研究人员的参考用书。

图书在版编目（CIP）数据

加氢深度精制装置操作技术/张辉，高坤主编.—北京：化学工业出版社，2019.10

ISBN 978-7-122-35343-6

Ⅰ.①加… Ⅱ.①张…②高… Ⅲ.①石油炼制-加氢精制-化工设备-高等职业教育-教材 Ⅳ.①TE624.4

中国版本图书馆 CIP 数据核字（2019）第 223196 号

责任编辑：刘心怡	文字编辑：张启蒙
责任校对：李 爽	装帧设计：王晓宇

出版发行：化学工业出版社（北京市东城区青年湖南街 13 号　邮政编码 100011）
印　　装：北京七彩京通数码快印有限公司
787mm×1092mm　1/16　印张 11⅛　字数 231 千字　2020 年 12 月北京第 1 版第 1 次印刷

购书咨询：010-64518888　　　　　　　　售后服务：010-64518899
网　　址：http://www.cip.com.cn
凡购买本书，如有缺损质量问题，本社销售中心负责调换。

定　　价：46.00 元

2014 年 2 月 26 日，李克强总理主持召开国务院常务会议，确定了加快发展现代职业教育的任务措施，提出"开展校企联合招生、联合培养的现代学徒制试点"。《国务院关于加快发展现代职业教育的决定》对"开展校企联合招生、联合培养的现代学徒制试点，完善支持政策，推进校企一体化育人"做出具体要求，标志现代学徒制已经成为国家人力资源开发的重要战略。

2014 年 8 月，教育部印发《关于开展现代学徒制试点工作的意见》，制订了工作方案。

2015 年 7 月 24 日，人力资源和社会保障部、财政部联合印发了《关于开展企业新型学徒制试点工作的通知》，对以企业为主导开展的学徒制进行了安排。发改委、教育部、人社部联合国家开发银行印发了《老工业基地产业转型技术技能人才双元培育改革试点方案》，核心内容也是校企合作育人。

现代学徒制有利于促进行业、企业参与职业教育人才培养全过程，以形成校企分工合作、协同育人、共同发展的长效机制为着力点，以注重整体谋划、增强政策协调、鼓励基层首创为手段，通过试点、总结、完善、推广，形成具有中国特色的现代学徒制度。

2015 年 8 月 5 日，教育部遴选 165 家单位作为首批现代学徒制试点单位和行业试点牵头单位。

2017 年 8 月 23 日，教育部确定第二批 203 个现代学徒制试点单位。辽宁石化职业技术学院成为现代学徒制试点建设单位之一。

2019 年 7 月 1 日，教育部确定辽宁石化职业技术学院石油化工技术专业为首批国家级职业教育教师教学创新团队立项建设单位 120 个之一。2020 年 7 月 3 日，齐向阳作为负责人申报的《石油化工技术专业现代学徒制人才培养方案及教材开发》获批国家级职业教育教师教学创新团队课题研究项目（课题编号 YB 2020090202）。

辽宁石化职业技术学院与盘锦浩业化工有限公司校企合作，共同研讨石油化工技术专业课程体系建设，充分发挥企业在现代学徒制实施过程中的主体地位，坚持岗位成才的培养方式，按照工学交替的教学组织形式，初步完成基于工作过程的工作手册式教材尝试。

　　本系列教材是教育部第二批现代学徒制试点建设项目、辽宁省职业教育"双师型"名师工作室和教师技艺技能传承创新平台、盘锦浩业化工有限公司职工创新工作室的建设成果，力求体现企业岗位需求，将理论与实践有机融合，将学校学习内容和企业工作内容相互贯通。教材内容的选取遵循学生职业成长发展规律和认知规律，按职业能力培养的层次性、递进性序化教材内容；以企业岗位能力要求及实际工作中的典型工作任务为基础，从工作任务出发设计教材结构。

　　本系列教材在撰写过程中，参考和借鉴了国内现代学徒制的研究成果，借本书出版之际，特表示感谢。由于水平有限，加之现代学徒制试点经验不足，不足之处在所难免，敬请专家、读者批评指正。

辽宁石化职业技术学院

2020 年 8 月

前言

为了进一步深化产教融合，创新校企协同育人机制，培养满足区域经济发展和石化产业转型升级需要的高素质技术技能型人才，辽宁石化职业技术学院 2017 年联合盘锦浩业化工有限公司开展了现代学徒制培养石油化工技术专业人才的计划，当年获批为教育部第二批现代学徒制试点单位。

针对企业三年后拟安排现代学徒制试点专业学生在常减压蒸馏、催化裂化、延迟焦化、连续重整、加氢裂化、加氢精制 6 个车间一线岗位的实际需求，校企创新制定了"岗位定制式"人才培养模式，构建了现代学徒制试点班岗位方向多元化、学习内容模块化、课程教学一体化、通用技能专门化、岗位技能差异化的课程体系，共同研究制定人才专业教学标准、课程标准、实训标准、岗位成才标准，及时将新技术、新工艺、新规范纳入教学标准和教学内容。学院侧重于规划学生的学习和训练内容，对学生学习情况进行跟踪管理与绩效考核；盘锦浩业化工有限公司侧重于制定师傅选用标准、师带徒管理与补贴制度，并对师带徒的过程与绩效进行监督考核。校企双方经常沟通与联系，保证学习效果，推动专业教师、教材、教法"三教"改革，推进工学交替、项目教学、案例教学、情景教学、工作过程导向教学，推广混合式教学、理实一体教学、模块化教学等新型教学模式改革。

本书是首批国家级职业教育教师教学创新团队课题研究项目、教育部第二批现代学徒制试点建设项目、辽宁省职业教育"双师型"名师工作室和教师技艺技能传承创新平台、盘锦浩业化工有限公司职工创新工作室的建设成果，教学内容以加氢深度精制装置为载体，针对具体岗位任务并结合教学实际设置 9 个章节，按照新员工的学习发展轨迹，安排章节内容：基础知识学习、工艺流程及相关知识、外操设备操作及巡检、内操装置操作与控制。

本书由辽宁石化职业技术学院张辉和盘锦浩业化工有限公司高坤主编。

张辉负责全书内容规划和统稿。

本书在编写过程中，得到了辽宁石化职业技术学院的领导和老师、盘锦浩业化工有限公司的工程技术人员、化学工业出版社的支持和帮助，在此表示衷心感谢。由于编者水平有限，书中难免存在不足之处，敬请广大读者批评指正。

编　者
2020 年 8 月

目 录

第6章　装置巡检　118

第7章　深度加氢装置操作及控制　124

第1章

深度加氢车间

1.1 深度加氢车间主要岗位及工作

深度加氢车间的主要岗位及工作见表1-1。

表 1-1 主要岗位及工作

岗位	工作概述
车间主任	负责车间生产、安全、设备、质量、班组的管理,保证队伍建设规范有序;保证所属装置安全、平稳地运行,按期完成生产计划,使经济核算指标达标
车间(生产)副主任	掌握车间生产动态,下达生产指标,负责组织生产和督促检查生产计划的完成情况,保证优质高产低消耗地完成生产任务
车间(设备)副主任	保证车间设备管理工作规范有序;保证各种设备始终保持正常好用开(备)机状态;完成生产计划及经济核算指标
车间工艺员	在车间生产主任的领导下,负责车间的工艺技术管理、资料管理和培训工作
车间设备员	负责编制设备大、中、小修计划,组织车间检修计划的实施。负责检修工作的方案交底,负责质量检查、交工验收和试车工作并做好检修记录整理
车间安全员	负责各种消防台账、消防设备档案的规范管理;保证本车间所属装置安全、平稳运行;保证消防设备的运行及完好率达到标准
班长	负责整个装置班组的生产操作、工艺控制、仪表设备维护及班组人员的指挥管理工作。根据生产需要,按工艺技术规程要求,组织全班全面完成车间交给的各项生产任务
车间内操员	保证本班DCS系统平稳操作;做好相关工作记录和交接班工作
车间外操员	负责所属装置的开、停车,操作运行,日常维护和现场管理。负责所属装置的日常维护和现场管理

1.1.1 内操员日常工作

在实际生产中内操员常简称为内操。

① 接班前查看内操交接班记录本，与在班内操进行交接，同时检查操作台卫生。

② 严格按工艺卡片指标及车间管理人员指示控制产品质量。

③ 当班期间每 2h 汇报一次操作情况（DCS 画面发至微信群）。

④ 当班期间严格监控各脱水包界位，同时与外操员核对实际情况。

⑤ 时刻关注产品质量，发现异常第一时间通知班长，同时联系值班领导，此阶段不得超过 15min。

⑥ 正常时，按时填写中控记录；出现异常，进行处理后，填写异常情况汇报表，联系班长确认签字；动改流程第一时间填写流程动改表，联系班长确认签字；及时将此内容发至微信群。

⑦ 若进行内部调整（影响产品质量调整、切换大型设备等）操作第一时间发至微信群。

⑧ 核算当班期间产品收率、公用消耗、产品合格率，将数据发至微信群。

⑨ 填写内操交接班记录本，清理中控室卫生。

1.1.2　外操员日常工作

在实际生产中外操员常简称为外操。

① 接班前查看外操交接班记录本，与在班外操进行现场交接，同时检查现场卫生及防冻凝情况。

② 日常巡检检查，发现问题联系班长及时处理，同时将问题发至微信群。

③ 当班期间严格监控各脱水包界位，同时与内操核对实际情况。

④ 采样时观察油品情况，若出现异常第一时间通知班长，同时联系值班领导，此阶段不得超过 15min。

⑤ 清理现场卫生、设备卫生，进行日常设备、安全设施维护。

⑥ 专人检查大型设备运转情况及加热炉燃烧情况，由班长将实际情况发至微信群。

⑦ 清理外操室卫生。

1.1.3　班长日常工作

① 接班前查看班长交接班记录本，进行现场全面检查。

② 安排车间管理人员下达任务，并进行任务分解，将分解情况发至微信群，同时时刻汇报工作完成情况。

③ 日常巡检检查，负责流程动改，处理解决内外操汇报的问题，若处理不了，第一时间联系值班领导；检查内外操工作完成情况，同时进行绩效考核；工作未完成汇报缘由。

1.2 员工顶岗制度

1.2.1 新员工顶岗条件

基本条件：完成三级培训教育且成绩合格，适应班组工作且班组工作满 3 个月，试用期间无违纪现象。

满足安全条件：

① 合格佩戴正压式呼吸器，熟练使用干粉灭火器、消防水带、消防水炮等设施；

② 清楚了解各消防竖管、灭火蒸汽布置方位；

③ 懂得如何落实消防设施冬季防冻凝措施；

④ 清楚本岗位危险因素，含硫化氢介质区域。

满足工艺条件：

① 能够绘制本岗位 PID 图纸并附流程描述；

② 懂得如何落实本岗位工艺冬季防冻凝措施；

③ 能够描述本岗位日常工作内容；

④ 了解公司相关制度，如异常汇报、动改流程等；

⑤ 熟悉本岗位现场流程。

满足设备条件：

① 熟练启停、切换小型机泵；

② 懂得如何落实本岗位设备冬季防冻凝措施；

③ 能够描述机泵日常巡检、维护内容，进行常见异常情况的处理。

1.2.2 内操顶岗条件

基本条件：中控盯表学习满 3 个月；熟悉本岗位工艺操作指标及调整手段；熟悉大型设备现场操作步骤。

满足安全条件：

知道本岗位关键设备安全阀起跳压力。

满足工艺条件：

① 知道本岗位工艺联锁条件；

② 熟悉原料、产品的性质指标及产品质量异常调整；

③ 懂得异常情况处理（晃、停电，停蒸汽、氢气等）。

满足设备条件：

熟悉大型机组 DCS 操作及控制指标。

1.2.3　班长顶岗条件

基本条件：内操操作满 3 个月；能够独立指挥大型机组操作；熟悉现场各项流程动改要求。

考核条件：如期完成车间下达任务，能够合理安排员工日常工作，协调各车间、部门工作。

1.3　岗位职责

1.3.1　内操岗位职责

① 提前 15min 到岗签到，并进行班前检查，在班前会里向班长汇报检查情况，接受班长的工作安排，做好岗位对口交接。下班时，接班人员签名后，方可离岗，并参加班后会。

② 严格执行岗位操作法、工艺卡片和各项技术规程，加强与调度、班长、外操、现场岗位及相关车间联系，把各项工艺参数控制在最佳范围内，搞好系统优化及节能降耗工作。

③ 杜绝一切违章作业和误操作。认真监视屏幕，及时发现并立即处理各类事故和异常工况，同时向班长汇报。当仪表、设备出现故障时，立即联系相关部门处理，并负责落实好相应的防范措施和各控制参数的监护工作，确保装置安全生产。

④ 严格控制成品质量，努力提高产品内控指标合格率。搞好清洁生产，确保外排废水合格率。

⑤ 根据生产要求，指挥外操、现场岗位进行生产操作。对安全生产负直接责任。

⑥ 严格按规范化要求记录各种报表、交接班日志，并对记录的正确性、可靠性负责，同时确保交接班日志内容详细、书写整洁。负责当班的成本核算工作。

⑦ 熟练掌握本岗位的操作和事故处理方法，认真学习各类专业知识，积极参加各种形式的岗位练兵活动，不断提高操作技能。负责对学岗人员进行技术指导和操作监护。

⑧ 严格执行生产规定，认真做好设备的维护保养工作，最大限度地减少设备故障和缺陷的发生。

⑨ 做到文明生产，负责当班操作室卫生，认真做好现场规范化工作。

⑩ 认真参与动态的工作危害分析，及时采取整改和预防措施，并向上级汇报。

⑪ 熟练掌握各类事故处理预案，并在事故处理中严格执行。

⑫ 强化环保意识，认真控制排污指标并使其达到环保的各项要求。

⑬ 执行产品质量控制方案，全面负责本岗位当班的产品质量。

⑭ 增强质量意识，确保产品合格率，加强质量检验把关，杜绝质量事故。

⑮ 出现质量异常及时采取调整措施，并向有关部门及人员报告。

1.3.2 外操岗位职责

① 提前 15min 到岗签到，进行班前检查，参加班前会，向班长汇报检查情况，接受班长的工作安排，做好岗位对口交接。下班时，接班人员签名后，方可离岗，并参加班后会。

② 严格执行岗位操作方法、工艺卡片和各项技术规程，加强与班长、内操以及调度的联系，配合内操把各项工艺参数控制在最佳范围内，搞好系统优化和节能降耗工作。

③ 杜绝一切违章作业和误操作。认真执行《巡回检查制》，做到装置现场 24h 巡检不断人，及时发现并处理各类事故隐患和设备缺陷，并立即通知内操，同时向班长汇报。负责落实故障设备、管道及机泵检修前的置换清洗交付工作，同时落实好相应的防范措施和运行设备的特护工作，确保装置安全生产。

④ 严格控制产品质量，努力提高产品内控指标合格率。搞好清洁生产，确保外排废水合格率。

⑤ 根据生产情况，服从班长和内操的指挥，进行生产操作和事故处理。

⑥ 严格按规范化要求记录各种报表、交接班日志，对记录的正确性、可靠性负责，同时确保交接班日志内容详细、书写整洁。

⑦ 熟练掌握本岗位的操作方法和事故处理，认真学习各类专业知识，积极参加各种形式的岗位练兵活动，不断提高操作技能。负责落实对学岗人员的技术指导和操作监护。

⑧ 严格执行操作规程，认真做好设备的维护保养工作，最大限度地减少设备故障和缺陷的发生。

⑨ 及时消除跑、冒、滴、漏现象，保持装置现场的整洁，做到文明生产。负责好当班操作室的卫生，认真做好现场规范化工作。

⑩ 负责机组的开、停车、设备切换。保证各机组安全平稳运行，严格执行操作规程和按设备指示进行操作。

⑪ 根据机组运行状况，平稳调节机组负荷，做到优化运行。

⑫ 按巡回检查路线做仔细检查，并做好岗位记录。

⑬ 对各机组润滑油进行取样分析，并对不合格油品进行更换。

⑭ 负责机组日常的清洁、维护。

⑮ 积极参加各项技术培训，积极参加班组组织的安全学习、政治学习等活动。

⑯ 认真参与动态的工作危害分析，及时采取整改和预防措施，并向上级汇报。

⑰ 熟练掌握各类事故处理预案，并在事故处理中严格执行。

⑱ 强化环保意识，认真控制排污指标并使其达到环保的各项要求。

⑲ 严格执行产品质量控制方案。

⑳ 增强质量意识，确保产品质量，杜绝质量事故。

㉑ 出现质量异常及时采取调整措施，并向有关部门及人员报告。

1.3.3　班长岗位职责

① 执行生产调度指令，向班组员工传达贯彻上级及生产技术部、车间的有关决定精神。

② 严格执行岗位操作法、工艺卡片和各项技术规程，加强与作业区、技术组、调度及相关单位的联系，指挥班组人员把各项工艺参数控制在最佳范围内，严格控制产品质量。

③ 认真执行巡回检查制，经常检查、督促班组人员的操作、监盘、巡检等情况。随时掌握装置的生产情况，指挥班组人员及时处理各类事故和异常工况，并向作业区、技术组和调度汇报。当仪表、设备出现故障时，应立即联系处理，并负责设备的检修交付工作，落实好相应的防范措施，确保装置安全生产。

④ 负责好班组安全生产工作。负责做好本班节能降耗、成本核算及清洁生产工作，及时消除跑、冒、滴、漏现象。

⑤ 熟练掌握装置各岗位操作法和事故处理，认真学习各类专业知识，积极参加各种形式的岗位练兵活动，不断提高操作技能和管理水平。

⑥ 搞好班组日常管理，负责完善落实班组经济考核制度、考勤请假登记制度、奖金分配制度等各项基础工作。检查督促班组人员做好各种原始记录和台账。

⑦ 带领班组人员遵守各项规章制度，对违章违纪现象及时指出并纠正；组织好班组安全活动，做好事故预想。

⑧ 严格执行《全员设备管理工作规定》，认真做好设备的维护保养工作，最大限度地减少设备故障和缺陷的发生；负责组织实施班组场地及设备清洁卫生工作。

⑨ 负责本班的技术培训，积极组织班员进行轮岗学习、岗位练兵和反事故演习，促进班组人员技术水平不断提高。

⑩ 做好管理工作，组织开展安全、业务、政治学习等活动；负责组织搞好本班的设备维护、现场规范化工作；积极开展"争创放心班组"活动。

⑪ 组织班组参加安全生产、清洁生产等竞赛活动；组织参加班组质量竞赛活动。

1.3.4　加氢裂化反应岗位职责

① 严格按工艺卡片、平稳率指标及车间规定控制操作，保持总进料的相对稳定，保持反应温度和压力的平稳，为其他岗位平稳操作创造条件。

② 根据加工量、原料性质变化及时调整操作参数，控制 R302 流出物质量，保证合适的反应转化率，降低氢耗（氢气的使用量）。

③ 及时对 R1001～R1004 反应器各床层及各点温度、床层压降变化、加热炉各点温度进行监控，对异常情况做出准确判断与处理。

④ 平稳控制循环氢量，控制好循环氢纯度，保证氢分压和氢油比满足工艺要求。

⑤ 该岗位对本系统的所有设备、机泵及仪表设备以及 DCS 参数进行定期及不定期检查，有异常情况及时汇报班长并采取相应的处理措施，做好操作记录。

⑥ 遇到异常情况，应冷静分析，准确判断，采取一切有效的方法恢复平稳操作；对报警与联锁动作做出快速判断，紧急情况下有权实施反应岗位紧急联锁。

⑦ 加强岗位控制，熟悉本岗位仪表及 DCS 系统的原理，懂得串级、分程、主单回路的操作，发现问题要及时联系处理，与外操建立紧密的联系，经常收集现场有关实际数据作为参照进行操作，特别是对关键生产部位、危险源点进行严格监控。

⑧ 认真学习本岗位的事故预案和操作规程，做好事故预想和反事故演练，正确分析判断处理各种事故苗头，在出现事故时，能果断正确处理，及时如实向上级报告并保护好现场，做好详细记录。认真学习各类专业知识，积极参加各种形式的岗位练兵活动，不断掌握操作技能。负责落实对学岗人员的技术指导和操作监控。

⑨ 参加装置开停工方案讨论并考试合格，在岗位开停工过程中严格按方案要求进行操作，防止满罐、空罐、憋压、串压等事故的发生。

⑩ 严格执行《全员设备管理工作规定》，认真做好设备的维护保养工作，最大限度地减少设备故障和缺陷的发生。

⑪ 及时消除跑、冒、滴、漏现象，保持装置现场的整洁，做到文明生产。负责当班操作室的卫生，认真做好现场规范化工作。

⑫ 积极参加各项技术培训，积极参加班组组织的安全学习、政治学习等活动。

1.3.5 加氢裂化分馏系统岗位任务和职责

① 严格按工艺卡片、平稳率指标及车间规定控制操作，保持各塔液位、压力、温度、流量平稳，为其他岗位平稳操作创造条件。

② 根据反应系统操作参数的变化，正确分析操作，及时调整，保证各产品质量合格。

③ 按工艺操作规程要求，加强对加热炉的维护和管理，对异常情况做出准确判断与处理。

④ 对本系统的所有设备、机泵及仪表设备 DCS 参数进行定期及不定期检查，有异常情况及时汇报班长并采取相应的处理措施，做好操作记录。

⑤ 遇到异常情况，应冷静分析，准确判断，采取一切有效的方法恢复平稳操作；对报警与连锁动作做出快速判断，紧急情况下有权实施分馏岗位紧急联锁。

⑥ 加强岗位控制，熟悉本岗位仪表及 DCS 系统的原理，懂得串级、分程、主单回路的操作，发现问题要及时联系处理，与外操建立紧密的联系，经常收集现场有关实际

数据作为参照进行操作，特别是对关键生产部位、危险源点的严格监控。

⑦ 认真学习本岗位的事故预案和操作规程，做好事故预想和反事故演练，正确分析判断处理各种事故苗头，在出现事故时，能果断正确处理，及时如实向上级报告并保护好现场，做好详细记录。认真学习各类专业知识，积极参加各种形式的岗位练兵活动，不断提高操作技能。负责落实对学岗人员的技术指导和操作监护。

⑧ 参加装置开停工方案讨论并考试合格，在岗位开停工过程中严格按方案要求进行操作，防止满罐、空罐、憋压、串压等事故的发生。

⑨ 严格执行《全员设备管理工作规定》，认真做好设备的维护保养工作，最大限度地减少设备故障和缺陷的发生。

⑩ 及时消除跑、冒、滴、漏现象，保持装置现场的整洁，做到文明生产。负责好当班操作室的卫生，认真做好现场规范化工作。

⑪ 积极参加各项技术培训，积极参加班组组织的安全学习、政治学习等活动。

［知识扩展］

（1）交接班制度中需严格执行的"十交"为哪些？

① 交本班生产情况和任务完成情况。

② 交仪表、设备运行和使用情况。

③ 交不安全因素、采取的预防措施和事故的处理情况。

④ 交设备润滑三级过滤和工具数量及缺损情况。

⑤ 交工艺指标执行情况和为下一班的准备工作。

⑥ 交原始记录表是否正确完整。

⑦ 交原材料使用情况和产品质量情况及存在的问题。

⑧ 交上级批示、要求和注意事项。

⑨ 交跑、冒、滴、漏情况。

⑩ 交岗位设备整洁和区域卫生情况。

（2）有下列情况之一者，接班方可不接班。

① 生产不正常，事故原因交代不清。

② 交接班日记、操作记录、巡检记录等写不清。

③ 由于责任心不强，发生操作事故或操作大幅度波动。

④ 主要仪表故障，未联系仪表处理，已影响操作。

⑤ 交接班前故意大幅度调整操作，造成交班后操作不稳。

⑥ 设备问题交代不清。

⑦ 卫生不符合要求。

第 2 章

加氢基础知识

2.1 加氢相关概念

催化加氢是指石油馏分在氢气存在的条件下催化加工过程的统称。催化加氢已经成为石油加工的一个重要过程，对于提高原油加工深度、改善产品质量及减少大气污染都具有重要意义。

目前炼厂采用的加氢过程主要有两大类：加氢精制和加氢裂化。

2.1.1 加氢精制

加氢精制是馏分油在氢气存在的条件下进行催化改质的统称。它是指在催化剂和氢气存在的条件下，石油馏分中含硫、氮、氧的非烃组分和有机金属化合物分子发生脱除硫、氮、氧和金属的氢解反应，烯烃和芳烃分子发生加氢反应而饱和的工艺过程。加氢精制可以改善油品的气味、颜色和安定性，提高油品的质量，满足环保对油品的使用要求。

2.1.2 加氢裂化

加氢裂化是重油深度加工的主要技术之一，即在催化剂存在的条件下，在高温及较高的氢气分压下，使 C—C 键断裂的反应。加氢裂化是可以使大分子烃类转化为小分子烃类，使油品变轻的一种加氢工艺。

加氢裂化是当今最受炼油厂青睐的先进炼油技术之一，是唯一能在原料轻质化的同时直接生产清洁运输燃料和优质化工原料的重要技术手段。它可以以直馏石脑油、粗柴油、减压蜡油以及其他二次加工得到的原料如焦化柴油、焦化蜡油和脱沥青油等为原料，通常可以直接生产优质液化气、汽油、喷气燃料、低硫柴油等清洁燃料和轻石脑油等优质石油化工原料，具有加工原料广泛、产品方案灵活、产品收率高、质量好和对环境污染少等优点。

为了便于统计，美国《油气》杂志将转化率大于50%的加氢过程称为"加氢裂化"。在实际应用中，人们习惯将通过加氢反应使原料油中有10%～50%的分子"变小"的那些加氢工艺称为缓和加氢裂化。通常所说的"常规（高压）加氢裂化"是指反应压力在10.0MPa以上的加氢裂化工艺；"中压加氢裂化"是指反应压力在10.0MPa以下的加氢裂化工艺。

加氢裂化反应中除了裂解是吸热反应，其他反应中大多数均为放热反应。总的热效应是强放热反应。

浩业化工有限公司深度加氢车间目前有两套装置，分别为40万吨/年深度加氢装置、70万吨/年汽油加氢装置。

[知识扩展]

为什么加氢技术得以发展？

环保对油品质量和炼油过程排放的要求越来越高。加氢是满足这些要求的最好方法。

高油价影响着炼厂加工流程的设计理念。含酸原油、高硫原油、重质原油加工量增加，使高液收、深度转化成为炼厂追求的目标。炼厂加工的工艺重心从脱碳转化为加氢。

石油化工的发展对原料的供应提出新的要求。乙烯和芳烃的扩能造成化工原料供应短缺，原油的重质化又加剧了这一供需矛盾。加氢裂化对解决这一矛盾发挥了越来越重要的作用，焦化汽、柴油加氢则是一个重要补充。

2.2 加氢反应原理

2.2.1 加氢精制反应

加氢精制的主要反应是除去原料油中的硫化物、氮化物，同时使烯烃和稠环芳烃饱和，为裂化部分提供合格进料，这些反应生成不含杂质的烃类以及硫化氢和氨（H_2S 和 NH_3）。其他精制反应包括脱除氧、脱除金属和卤素。在所有这些反应中，均需消耗氢气，并且均有放热。主要的反应是加氢和氢解反应，氢解反应主要包括脱硫、脱氮、脱氧，加氢反应主要是烯烃和芳烃等不饱和烃以及含氮化合物的加氢饱和。

2.2.1.1 加氢脱硫反应（HDS）

原料油中的含硫化合物主要是：硫醇、硫醚、二硫化物和噻吩等，在加氢的条件下，它们转化为相应的烃类和硫化氢，从而把硫除去。

$$RSR + H_2 \longrightarrow RSH + RH$$

$$RSH + H_2 \longrightarrow RH + H_2S$$

2.2.1.2 加氢脱氮反应（HDN）

含氮化合物对产品质量的稳定性有较大危害，并且在燃烧时会排放出 NO_x 污染环境。石油馏分中的含氮化合物主要是杂环化合物，非杂环化合物较少。杂环氮化物又可分为非碱性杂环化合物（如吡咯）和碱性杂环化合物（如吡啶）。

非杂环氮化合物加氢反应时脱氮比较容易，如脂肪族胺类（RNH_2）：

$$R-NH_2 + H_2 \longrightarrow RH + NH_3$$

非碱性杂环氮化物如吡咯加氢脱氮，包括五元环加氢、四氢吡咯中的 C—N 键断裂以及正丁胺的脱氮等步骤。

碱性杂环氮化物如吡啶加氢脱氮，也经历六元环加氢饱和、开环和脱氮等步骤。

2.2.1.3 含氧化合物的加氢反应（HDO）

石油馏分中的含氧化合物主要是环烷酸和酚类。这些氧化物加氢反应时转化成水和烃。

环烷酸：环烷酸在加氢条件下进行脱羧基或羧基转化为甲基的反应。

苯酚：苯酚中的 C—O 键较稳定，要在较苛刻的条件下才能反应。

2.2.1.4 加氢脱金属反应

金属有机化合物大部分存在于重质石油馏分中，特别是渣油中。加氢精制过程中，所有金属有机物都发生氢解，生成的金属沉积在催化剂表面使催化剂减活，导致床层压降上升，沉积在催化剂表面上的金属随反应周期的延长而向床层深处移动。当装置出口的反应物中金属超过规定要求时即认为一个周期结束。被砷或铅污染的催化剂一般可以保证加氢精制的使用性能，这时决定操作周期的是催化剂床层的堵塞程度。

在石脑油中，有时会含有砷、铅、铜等金属，它们来自原油，或是储存时由于添加剂的加入引起污染。来自高温热解的石脑油含有有机硅化物，它们是在加氢精制前面设备用作破沫剂而加入的，分解很快，不能用再生的方法脱除。重质石油馏分和渣油脱沥青油中含有金属镍和钒，分别以镍的卟啉系化合物和钒的卟啉系化合物状态存在，这些大分子在较高氢压下进行一定程度的加氢和氢解，在催化剂表面形成镍和钒的沉积。一般来说，以镍为基础的化合物反应活性比钒络合物要差一些，后者大部分沉积在催化剂的外表面，而镍更多地穿入到颗粒内部。

加氢精制中各类加氢反应由易到难的程度顺序如下：

C—O、C—S及C—N键的断裂远比C—C键断裂容易；脱硫＞脱氧＞脱氮；环烯＞烯＞芳烃；多环＞双环＞单环。

2.2.2　加氢裂化反应

加氢裂化的主要作用是将重质原料转化成轻质油，这是一个复杂的化学反应过程。其中主要有两大类反应：一是加氢处理反应，包括烯烃和芳烃的加氢饱和反应，以及脱出各种杂原子化合物反应；二是加氢裂化反应，主要是分子C—C键断裂反应。此外还有异构化、氢解、环化、甲基化、脱氢和叠合等二次反应发生。因此，加氢裂化反应是复杂的一系列平行-顺序反应过程。

2.2.2.1　烷烃、烯烃的加氢裂化反应

烷烃（烯烃）在加氢裂化过程中主要进行裂化、异构化和少量环化的反应。烷烃在高压下加氢反应而生成低分子烷烃，包括原料分子某一处C—C键的断裂以及生成不饱和分子碎片的加氢。以十六烷为例：

$$C_{16}H_{34} \longrightarrow C_8H_{18} + C_8H_{16} \xrightarrow{H_2} 2C_8H_{18}$$

反应生成的烯烃先进行异构化随即被加氢成异构烷烃。烷烃加氢裂化反应的通式：

$$C_nH_{2n+2} + H_2 \longrightarrow C_mH_{2m+2} + C_{n-m}H_{2(n-m)+2}$$

2.2.2.2　环烷烃的加氢裂化反应

单环环烷烃在加氢裂化过程中发生异构化、断环、脱烷基链反应，以及不明显的脱氢反应。环烷烃加氢裂化时反应方向因催化剂的加氢和酸性活性的强弱不同而有区别，一般先迅速进行异构然后裂化，反应历程如下：

2.2.2.3　芳香烃的加氢裂化反应

在加氢裂化的条件下发生芳香环的加氢饱和而成为环烷烃。苯环是很稳定的，不易开环，一般认为苯在加氢条件下的反应包括以下过程：苯加氢生成六元环烷烃，六元环烷烃发生异构化，五元环开环和侧链断开，反应式如下：

2.2.3 烃类加氢裂化反应总结

加氢裂化反应类型及产物见表 2-1。

表 2-1 加氢裂化反应类型及产物

反应物	主要反应	主要产物
烷烃	异构化、裂化	较低分子异构烷烃
单环环烷烃	异构化、脱烷基	$C_6 \sim C_8$ 环戊烷及低分子异构烷烃
双环环烷烃	异构化、开环、脱烷基	$C_6 \sim C_8$ 环戊烷及低分子异构烷烃
烷基苯	异构化、脱烷基、歧化加氢	$C_7 \sim C_8$ 烷基苯、低分子异构烷烃及环烷烃
双环芳烃	环烷环开环、脱烷基	$C_7 \sim C_8$ 烷基苯、低分子异构烷烃及环烷烃
双环及稠环芳烃	逐环加氢、开环、脱烷基	$C_7 \sim C_8$ 烷基苯、低分子异构烷烃及环烷烃
烯烃	异构化、裂化、加氢	较低分子异构烷烃

根据加氢反应的基本原理可归纳加氢裂化有以下特点：加氢裂化产物中硫、氮和烯烃含量极低；烷烃裂解的同时深度异构，因此加氢裂化产物中异构烷烃含量高；裂解气体以 C_4 为主，干气较少，异丁烷与正丁烷的比例可达到甚至超过热力学平衡值；稠环芳烃可深度转化而进入裂解产物中，所以绝大部分芳烃不在未转化原料中积累；改变催化剂的性能和反应条件，可控制裂解的深度和选择性；加氢裂化耗氢量很高，甚至可达 4%；加氢裂化需要较高的反应压力。

[知识扩展]

(1) 什么叫甲烷化反应，对反应操作有何危害？

甲烷化反应是指 CO 和 CO_2 在氢气存在的条件下、在催化剂表面的活性位置可以转化为甲烷和水。甲烷化反应与普通烃类反应物的反应造成对催化剂进行竞争。如果 CO 和 CO_2 积累，会导致催化剂的温度提高。甲烷化反应是高放热反应，在极端的情况下，若极短时间内有大量的 CO 和 CO_2 进入加氢裂化装置，在理论上来说就有可能发生飞温。

为了避免催化剂的活性由于温度的升高而受到损害，同时也为避免由于甲烷化反应可能造成的飞温事故，在实际操作中，如果 $CO+CO_2$ 的含量超过最大设计允许值，则对催化剂的温度应给予维持或者降低，直至造成 $CO+CO_2$ 含量升高的问题得到解决。

（2）硫化氢对反应和催化剂有何影响？

原料中的硫、氮化合物在加氢裂化过程中大多转化为 H_2S 和 NH_3。H_2S 和 NH_3 在反应过程中一部分溶解在油相中，另一部分往往通过尾气排放至装置以外。还有一部分 H_2S 与物流中的氨反应生成 $(NH_4)_2S$ 和 NH_4HS，经水洗后排出。

H_2S 的存在有利有弊。一方面：加氢裂化过程中绝大多数采用非贵重金属催化剂，需要在系统中保持一定的 H_2S 分压来避免硫化态的催化剂被还原；过高的 H_2S 分压对硫化型加氢裂化催化剂的加氢脱氮活性和裂化活性没有明显影响。另一方面：对催化剂的加氢脱硫活性和芳烃饱和能力有明显抑制作用（尤其贵金属催化剂在较高的 H_2S 分压下会变为硫化态导致活性降低）。此外，加氢裂化产物中存在极少量烯烃，在离开裂化床层后烯烃会与 H_2S 反应生成硫醇加快产品腐蚀。

当原料硫含量过高时，会形成 NH_4HS 而堵塞系统，设备的腐蚀速率增加。通常系统中 H_2S 达到 2% 以上时，必须采取脱硫措施在高压系统中将 H_2S 脱除。

（3）为什么要控制循环氢中的硫化氢含量？如何控制？

当循环氢中 H_2S 浓度低于 300×10^{-6} 时，要采取在原料油中补硫的措施，以维持 H_2S 浓度在 $(300 \sim 500) \times 10^{-6}$ 范围内。因为，循环氢中 H_2S 浓度过低时，将造成催化剂的金属组分被还原，而降低催化剂加氢活性、加快催化剂的失活。对低硫原料补硫的方法有两种，一是如有条件加入部分高硫VGO；二是在加工低硫油时，直接在原料中加入 CS_2、元素硫、硫醚或二甲基二硫等硫化物。

2.3 油品基本概念

2.3.1 密度

（1）密度（density） 在规定温度下，单位体积物质的质量，用 ρ_t 表示，单位为 g/cm^3 或 kg/m^3。

（2）标准密度（standard density） 在 20℃ 和 101.325kPa 下，单位体积液体的质量，用 ρ_{20} 表示，单位为 g/cm^3 或 kg/m^3。

（3）视密度（observed density） 在实验温度下，玻璃密度计在液体试样中的读数，用 ρ_t' 表示，单位为 g/cm^3 或 kg/m^3。

（4）测定意义

① 计算油品的质量。对于容器中油品的计量，可先测出容积和密度，然后根据容积和密度的乘积，计算油品的质量。

② 判断油品的种类。根据相对密度可初步确定油品的品种，例如：汽油 0.7 ～ 0.77、煤油 0.75～0.83、柴油 0.8～0.86、润滑油 0.85～0.89、重油 0.91～0.97。也

可以判断是否混入重油或轻油。例如，汽油的密度增大，意味着与重质石油产品混合了，或是轻馏分蒸发了；反之，密度变小，可能是与轻质石油产品混合了。

③ 判断原油的组成。密度大的原油，含硫、氮、氧等元素的有机化合物多，含胶状物质多。另外，两种原油对比看，含烷烃多的原油其密度小于含环烷烃及芳香烃多的原油。

④ 影响燃料的使用性能。喷气燃料燃料密度越大，质量热值越小，但体积热值越大，适于用作远程飞行燃料，可减小油箱体积，降低飞行阻力。通常，在保证燃烧性能不变坏的条件下，喷气燃料的密度大一些较好。燃料的密度越小，其质量热值越高，对续航时间不长的歼击机，为了尽可能减少飞机载荷，应使用质量热值高的燃料。

⑤ 指导生产。例如，对热裂化装置而言，高压蒸发塔底油的密度小，可初步判断裂化反应过于剧烈，应适当降低温度，终止进一步裂解。

2.3.2 馏程

（1）初馏点（initial boiling point，IBP） 从冷凝管的末端滴下第一滴冷凝液时瞬间所观察到的校正温度计读数。

（2）终馏点（final boiling point，FBP；end point，EP） 蒸馏过程中的最高温度计读数，也称终点。通常在蒸馏烧瓶瓶底的全部液体蒸发之后出现。

（3）干点（dry point） 最后一滴液体（不包括在蒸馏烧瓶壁或温度测量装置上的液滴或液膜）从蒸馏烧瓶中的最低点蒸发时瞬间所观察到的温度计读数。

在使用中一般采用终馏点，而不用干点。对于一些有特殊用途的石脑油，如油漆工业用石脑油，可以采用干点。当某些样品的终馏点测定精密度不达要求时，也可采用干点。

（4）馏程（boiling range） 油品在规定的条件下蒸馏，从初馏点到终馏点这一温度范围，称为馏程。

馏出物体积分数为装入试样的 10％、50％、90％时，蒸馏烧瓶内气相温度分别称为 10％、50％、90％馏出温度。例如：初馏点、10％馏出温度、50％馏出温度、90％馏出温度、终馏点等，这样一组数据称为馏程。

（5）测定意义 馏程是石油产品的主要理化指标之一，主要用来判定油品轻、重馏分组成的多少，控制产品质量和使用性能等。在轻质燃料上具有重要意义，它是控制石油产品生产的主要指标，可用沸点范围来区别不同的燃料，是轻质油品重要的实验项目之一。

2.3.3 黏度

（1）黏度（viscosity） 评价流体流动性能的指标。其表示方法有三种：动力黏度、运动黏度、恩氏黏度。在油品分析中各油品的黏度通常用运动黏度来评价。油品在温度

t 时的运动黏度用 γ_t 表示，单位为 m^2/s、mm^2/s，$1m^2/s=10^6 mm^2/s$。

（2）测定意义

① 黏度是重要质量指标之一，它直接关系着柴油和喷气燃料在发动机中的雾化程度、雾化分布的均匀性以及燃烧效果。黏度过大，则喷油嘴喷出的油滴颗粒大，雾化状态不好，空气混合不充分，燃烧不完全，影响发机功率消耗；黏度过小，则易挥发，损失大，同时会影响油泵润滑，增加拉塞磨损。

② 可通过公式和查表的方式求得动力黏度值和恩氏黏度值，动力黏度是工艺计算的重要参数。在流体流动和输送的阻力计算中，雷诺准数是一个与动力黏度有关的数群。恩氏黏度主要是润滑油的评价指标，在买卖双方有特殊要求的情况下，就要测定或求得恩氏黏度值。

③ 黏度是储运输送的重要参数。当油品黏度随温度降低而增大时，会使输油泵的压力降增大，泵效率下降，输送困难。一般在低温条件下，可采取加温预热降低黏度或提高泵压的办法，以保证油品的正常输送。

④ 对于润滑油来说，运动黏度值可以划分其牌号，例如，工业齿轮油按 50℃ 运动黏度划分牌号，而普通液压油、机械油、压缩机油、冷冻机油和真空泵油均按 40℃ 运动黏度划分牌号。另外，它对发动机的启动性能、磨损程度、功率损失和工作效率等都有直接的影响，也可指导润滑油工业生产。

2.3.4　色度

（1）色度（chromaticity）　颜色的浓度，是石油产品的一个重要质量指标。例如：我国石油产品色度测定法把石油产品的颜色分为 16 个色号，依次加深为 1.0、1.5、2.0……颜色最深的为 8.0。国标柴油的色度不大于 3.5，颜色是金黄色。色泽的深浅取决于油中胶质含量的多少，胶质除去得越多，色泽就越浅。

（2）测定意义　色度直接影响石油产品的品质与价格。石油产品色泽越深说明含胶质越多；色泽越浅说明含胶质越少，产品质量较好。另外，颜色越深，色度越大，则其精致程度和储存安定性越差。一般加氢的柴油，其物理性质较为稳定，不会变色，相应的产品质量也较好。

2.3.5　闪点

（1）闪点（flash point）　在规定实验条件下，实验火焰引起试样蒸气着火，并使火焰蔓延至液体表面（液体表面一层蓝光）的最低温度，以℃表示，修正到 101.3kPa 大气压下。

注：随着温度的升高，燃油表面上蒸发的油气增多，当油气与空气的混合物达到一定浓度，以明火与之接触时，会发生短暂的闪光（一闪即灭），这时的油温称为闪点。

（2）闭口闪点（closed-cup flash point）　用规定的闭口闪点测定器所测得的结果叫

作闭口闪点，以℃表示。常用以测定轻质油品，如煤油、柴油、变压器油等。

（3）测定意义

① 划定油品的危险等级。闪点在45℃以上称为可燃品，在45℃以下称为易燃品，着火的危险性很大。

② 鉴定油品发生火灾的危险性。闪点越低，油品越易燃烧，火灾危险性越大。油品储运、使用中的最高温度规定应低于闪点20～30℃。

从防火角度考虑，希望油的闪点、燃点高些，两者的差值大些；而从燃烧角度考虑，则希望闪点、燃点低些，两者的差值也尽量小些。

③ 判断油品馏分组成的轻重，指导油品生产。油品越轻，越易挥发，其闪点、燃点越低，自燃点越高。当有少量轻油混入重油中时，就能引起闪点显著降低。

精馏塔侧线产品闪点低，说明混有轻组分，与上部分产品分割不清，应加大侧线汽提蒸汽量，分离出轻组分。例如：侧线产品闪点是由其轻组分含量决定的，闪点低表明油品中易挥发的轻组分含量较高，即初馏点及10％馏出温度偏低。

煤油的闪点在40℃以上，柴油的闪点在50～65℃之间，重油的闪点在80～120℃之间，润滑油的闪点要达到300℃左右。

④ 闪点与爆炸极限的关系。闪火是微小爆炸，油品闪点就是指在常压下油品蒸气的爆炸上限或爆炸下限。高沸点油品闪点是爆炸下限油品温度，因为该温度下液体油品已有足够饱和蒸气压，使其在空气中的含量恰好达到油品的爆炸下限。低沸点油品，如汽油，室温下浓度已大大超过其爆炸下限，因此闪点是爆炸上限油品温度。

注：爆炸极限为可燃性气体与空气混合时，遇火发生爆炸的体积分数范围，分爆炸上限和爆炸下限，即可燃物在空气中形成爆炸混合物的最低（高）浓度。如CO的爆炸极限为12.5％～74.5％。

2.3.6 残炭值

残炭是指石油产品蒸发和热解后所形成的碳质残余物。它不全是碳，而是会进一步热解变化的焦炭。残炭值的大小，反映了油品中多环芳烃、胶质、沥青质等易缩合物质的多少。

2.3.7 冷滤点

（1）冷滤点（cold filter plugging point） 指在规定条件下，当试油通过过滤器每分钟不足20mL时的最高温度（即流动点使用的最低环境温度）。一般冷滤点比凝点高2～6℃。

（2）测定意义 冷滤点是衡量柴油低温性能的重要指标，能够反映柴油低温实际使用性能。它最接近柴油的实际最低使用温度。用户在选用柴油牌号时，应同时兼顾当地气温和柴油牌号对应的冷滤点。规定轻柴油和车用柴油要在高于其冷滤点5℃的环境温度下使用。5 号轻柴油的冷滤点为 8℃，0 号轻柴油的冷滤点为 4℃，−10 号轻柴油的冷滤点为 −5℃，−20 号轻柴油的冷滤点为 −14℃。

2.3.8　油品的燃点和自燃点

燃点是油品在规定条件下加热到能被外部火源引燃并连续燃烧不少于 5s 时的最低温度。

油品在加热时，不需外部火源引燃，而自身能发生剧烈的氧化产生自行燃烧，能发生自燃的最低油温称为自燃点。

油品越轻，其闪点和燃点越低，而自燃点越高。烷烃比芳香烃易自燃。

2.3.9　油品的浊点、冰点、倾点和凝点

浊点是指油品在试验条件下，开始出现烃类的微晶粒或水雾而使油品呈现浑浊时的最高温度。油品出现浊点后，继续冷却，直到油中呈现出肉眼能看得见的晶体，此时的温度就是油品的结晶点，俗称冰点。倾点是指石油产品在冷却过程中能从标准形式的容器中流出的最低温度。凝点是指油品在规定的仪器中，按一定的试验条件测得油品失去流动性（试管倾斜 45°角，经 1min 后，肉眼看不到油面有所移动）时的温度。凝点的实质是油品低温下黏度增大，形成无定形的玻璃状物质而失去流动性或含蜡的油品中蜡大量结晶，连接成网状结构，结晶骨架把液态的油包在其中，使其失去流动性。同一油品的浊点要高于冰点，冰点高于凝点。

浊点和结晶点高，说明燃料的低温性较差，在较高温度下就会析出结晶，堵塞过滤器，妨碍甚至中断供油。因此，航空汽油和航空煤油（简称航煤）规格对浊点和结晶点均有严格规定。

2.3.10　油品的酸度和酸值

① 酸度是指中和 100mL 试油所需的氢氧化钾毫克数 [mg(KOH)/100mL]，该值一般适用于轻质油品。

② 酸值是指中和 1g 试油所需的氢氧化钾毫克数 [mg(KOH)/g]，该值一般适用于重质油品。测试方法是用沸腾的乙醇抽出试油中的酸性成分，然后再用氢氧化钾乙醇溶液进行滴定。根据氢氧化钾乙醇溶液的消耗量，算出油品的酸度或酸值。

2.3.11　油品的碘值

100g 油品所能吸收碘的克数，称为石油产品的碘值。碘值是表示油品安定性的指标之一。从测得碘值的大小可以说明油品中的不饱和烃含量的多少。石油产品中的不饱和烃越多，碘值就越高，油品安定性也越差。

2.3.12　油品的溴价

将一定量的油品样用溴酸钾-溴化钾标准滴定溶液滴定，滴定完成时每 100g 油品所消耗的溴的克数表示溴价。溴价越高，代表油品中不饱和烃含量越高。

2.3.13　油品的苯胺点

苯胺点是指以苯为溶剂与油品按体积 1∶1 混合时的临界溶解温度。苯胺点是表示油品中芳烃含量的指标，苯胺点越低，说明油品烃类结构与苯胺越相似，油品中芳烃含量越高。

2.3.14　油品的烟点和辉光值

烟点或称无烟火焰高度，是指在特制的灯中测定燃料火焰不冒烟时的最大高度，单位为 mm。

烟点是控制航煤积炭性能的规格指标。烟点的值越大越好，燃料生成积炭倾向越小。它与以下因素有关：芳香烃含量越高，烟点越低；馏分加重，烟点变低；不饱和烃含量增加，烟点变低；实际胶质含量增加，烟点变低；油品含芳烃量越低，烟点越高。

辉光值表示燃料燃烧时火焰的辐射强度。辉光值高，表示燃料芳烃含量高，火焰中的炭微粒数量多，火焰辐射强度大。

［知识扩展］

（1）原料油特性因数 K 值的含义是什么？K 值的高低说明什么？

特性因数 K 值常用以划分石油和石油馏分的化学组成，在评价原料的质量方面被普遍使用。它由密度和平均沸点计算得到，也可以由计算特性因数的诺谟图求出。

特性因数是一种说明原料石蜡烃含量的指标。K 值高，原料的石蜡烃含量高；K 值低，原料的石蜡烃含量低。但它在芳香烃和环烷烃之间则不能区分开。K 的平均值，烷烃约为 13，环烷烃约为 11.5，芳烃约为 10.5。特性因数 K 值大于 12.1 的为石蜡基原油，K 值为 11.5～12.1 的为中间基原油，K 值为 10.5～11.5 的为环烷基原油。另外非通用的分类法还有沥青基原油，K 值小于 11.5；含芳香烃较多的芳香烃基原油。后两种原油在通用方法中均属于环烷基原油。

原料特性因数 K 值的高低，最能说明该原料的生焦倾向和裂化性能。原料的 K 值越高，它就越易于进行裂化反应，而且生焦倾向也越小；反之，原料的 K 值越低，它就越难以进行裂化反应，而且生焦倾向也越大。

（2）油品黏度与温度压力的关系如何？什么是油品的黏温性质？

黏度是评定油品流动性的指标，是油品尤其是润滑油的重要质量指标。

油品在流动和输送过程中，黏度对流量和阻力降有很大的影响。黏度是一种随温度而变化的物理参数。温度升高时，所有石油馏分的黏度都减小，最终趋近一个极限值；而温度降低时，黏度则增大。

油品黏度随温度变化的性质称为黏温性质。有的油品黏度随温度变化小，有的则变化大，受温度变化小的油品黏温性能就好。油品的黏温性质有两种常用的表示法：黏度比和黏度指数。

黏度比指油品在两种不同温度下的运动黏度之比，通常用50℃和100℃时的运动黏度比值来表示。黏度比值越小，黏温特性越好。

黏度指数是衡量油品黏度随温度变化的一个相对比较值。

通常压力小于40个大气压时，压力对黏度的影响可忽略，但在高压下，黏度随压力升高而急剧增大。特别要说明的是，油品混合物的黏度是没有可加性的。

第 3 章

深度加氢工艺概述

深度加氢工艺流程见图 3-1。

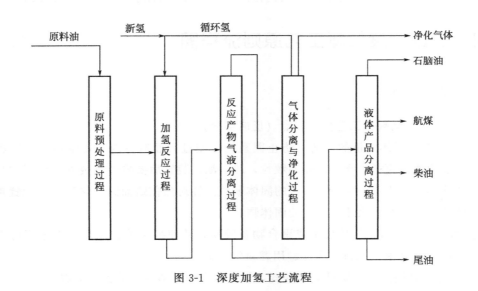

图 3-1　深度加氢工艺流程

3.1　深度加氢装置概述

40 万吨/年深度加氢装置共分为三部分。

① 反应部分通过加氢精制和加氢裂化反应，将原料油部分转化为轻质油。

岗位管辖范围：原料系统、反应器系统、高压换热器和空冷器、高/低压分离器、循环氢系统的所有静设备和工艺管线；加热炉 F1001 系统；注水、注阻垢剂、注硫等系统的静设备和工艺管线；压缩机系统及所有进入反应区域的工艺管线均属本岗位管辖，包括本岗位的消防及安全设施。

② 分馏部分把反应产物分馏为气体、石脑油、航煤❶、柴油和尾油。

岗位管辖范围：主汽提塔、分馏塔、柴油侧线汽提塔、稳定塔、液化气脱硫抽提塔及加热炉，在分馏区域内和分馏产品等物料换热的各换热器、水冷却器和空气冷却器及相应的工艺管线均属本岗位管辖。各种产品线应管辖到界区靠装置一侧阀门或进入下游岗位的第一道阀门前。

③ 公用工程部分：包括注药设施、反冲洗油系统、火炬放空系统等。

由于该装置加工的是蜡油，易凝易堵，所以装置内设置了冲洗油系统。冲洗油系统包括冲洗油罐和冲洗油泵及相应管路系统。对原料油处理系统、主汽提塔底油系统和分馏塔底油系统的机泵、管道，均设置固定的冲洗油管线。

装置内设置高压、低压火炬放空系统，所有安全阀放空、可燃气体管道吹扫放空均排入密闭的低压火炬放空系统。高压氢气、紧急泄压排入高压火炬放空系统。放空气体经放空罐分液后送至全厂火炬系统。放空罐的污油经放空油泵升压后送至全厂污油系统。

3.2 识读深度加氢工艺原则流程图

3.2.1 反应部分

3.2.1.1 加氢裂化工艺技术特点（反应部分）

① 为获得低固体含量的进料，防止因系统压差过大而造成的非正常停工，原料油在进装置前应滤去直径大于 $50\mu m$ 的颗粒，原料油进装置后要再经过装置内设置的自动反冲洗过滤器，滤去直径大于 $25\mu m$ 的固体颗粒。针对焦化蜡油固体含量高，设置焦化蜡油过滤器，滤去直径大于 $25\mu m$ 的固体颗粒。

② 为防止原料与空气接触生成聚合物及胶质，致使换热器、加热炉效率降低以及催化剂床层结垢堵塞，原料油缓冲罐用燃料气覆盖。

③ 为充分利用热量，降低装置能耗，设计时考虑原料油从分馏部分取热。

④ 采用在原料油中注入阻垢剂的方法，以有效减缓高压换热器及反应进料加热炉炉管结焦。

⑤ 装置反应部分采用四台反应器串联操作流程，简化了流程。

⑥ 采用热高分工艺流程，降低了装置能耗。

⑦ 反应器为热壁结构，床层间设急冷氢。

⑧ 反应部分高压换热器采用双壳程螺纹锁紧环换热器，强化传热效果，提高传热效率。

⑨ 设循环氢压缩机入口分液罐和循环氢脱硫塔，保证循环氢压缩机正常操作。

⑩ 采用炉混氢方式，混合进料加热炉，简化了换热流程，提高了换热效率。

---

❶ 航煤，即航空煤油，现称为喷气燃料，但工厂一线往往仍称航煤，本书沿用这一叫法。

⑪ 为确保催化剂、高压设备和操作人员的安全，分别设置 0.7MPa/min 及 2.1MPa/min 两种压力等级的紧急泄压系统。

⑫ 循环氢压缩机和新氢压缩机均为两台往复式压缩机，由同步电动机驱动，每台能力为 100%。

⑬ 在反应流出物空冷器入口处设注水设施，避免铵盐在低温部位的沉积。

⑭ 加氢精制反应器入口温度通过调节加热炉燃料量来控制，床层入口温度通过调节急冷氢量来控制。

⑮ 为防止反应部分奥氏体不锈钢设备在停工期间可能产生的连多硫酸应力腐蚀，设计考虑装置停工时反应部分进行中和清洗的临时设施接口。

⑯ 催化剂预硫化采用气相硫化方法，催化剂再生采用器外再生方式。

3.2.1.2 反应部分流程

反应部分流程见图 3-2。

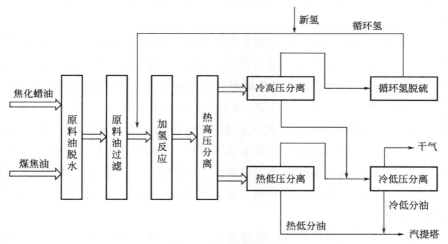

图 3-2 反应部分流程

自罐区来的煤焦油和蜡油在流量与原料缓冲罐液位串级控制下进入装置。针对焦化蜡油固体含量高，装置设焦化蜡油过滤器 (FI1002A/B)，滤去直径大于 $50\mu m$ 的固体颗粒。混合原料油经航煤/原料油换热器 (E1012)、柴油/原料油换热器 (E1013)、尾油/原料油换热器 (E1015) 后进入原料脱水罐 (V1001)。经脱水后的原料油进入原料油过滤器 (F11001A/B) 除去原料中直径大于 $25\mu m$ 的颗粒后进入原料油缓冲罐 (V1002)，原料油缓冲罐 (V1002) 由燃料气保护，防止氧气进入而生成胶质和沥青质。

来自原料油缓冲罐 (V1002) 的原料油经加氢进料泵 (P1001A/B) 升压后，在流量控制下与来自循环氢压缩机 (C1001A/B) 的氢气混合，经反应流出物/混合进料换热器 (E1001A/B) 换热后进入反应进料加热炉 (F1001)，加热至反应温度，进入加氢预处理反应器（R1001）。

加氢预处理反应器（R1001）设三个催化剂床层，填装加氢预处理催化剂，床层间设急冷氢注入设施。R1001 反应流出物进入加氢精制反应器Ⅰ（R1002）、加氢精制反应器Ⅱ（R1003）、加氢裂化反应器（R1004）进行反应，R1002、R1003、R1004 各设四个床层，床层间设急冷氢注入设施，各个反应器之间设急冷氢注入点。由反应器 R1004 出来的反应流出物依次经反应流出物/分馏塔进料换热器（E1004）、反应流出物/混合进料换热器（E1001A/B）进入热高压分离罐（V1003）进行气液分离。

热高压分离器底部热油进入热低压分离罐（V1005）进行气液分离，热高压分离罐顶部热高分气体经热高分气/冷低分油换热器（E1002）、热高分气/混氢换热器（E1003），高分气空冷器（A1001A/B/C/D）进入冷高压分离器（V1004）。为了防止反应流出物在冷却过程中析出铵盐堵塞管路和设备，通过注水泵（P002A/B）将脱盐水注入 A1001 上游管线，冷却后的反应流出物进入冷高压分离器（V1004）进行气、油、水三相分离。

冷高压分离器顶的高分气进入循环氢脱硫塔入口分液罐（V1007），经分液后进入循环氢脱硫塔（T1001）。循环氢脱硫塔设 10 层塔盘，贫胺液由循环氢脱硫塔贫溶剂泵（P1002A/B）增压后，与来自塔底的循环氢逆流接触脱硫，循环氢脱硫塔底富液与液化气脱硫塔底富液汇合后，经富液闪蒸罐（V1019）闪蒸后出装置。

脱硫后的循环氢经循环氢压缩机入口分液罐（V1008）分液后进入循环氢压缩机（C1001A/B）升压。升压后的循环氢和新氢压缩机（C1002A/B）出口的氢气汇合后分为两路：一路作为急冷氢去各反应器，控制各反应器床层入口温度；另一路作为混氢经热高分气/混氢换热器（E1003）换热后与原料油混合。新氢压缩机流量与高压分离器顶压力串级控制。

来自热低压分离器的热低分气，经过热低分气冷却器（E1005）冷却后和来自冷高压分离器（V1004）底的高分油进入低压分离器（V1006）进行气液分离。来自 V1006 的低分油经热高分气/冷低分油换热器（E1002）换热后和来自 V1005 的热低分油进入汽提塔。

［知识扩展］

（1）为什么原料油需要隔离空气？

从原料罐区送来的原料，不论是直馏的还是二次加工的，在储罐中均需要保护，保护的作用是防止接触空气中的氧。研究表明，在存储时原料油中的芳香硫醇氧化产生的硫黄可与吡咯发生缩合反应产生沉渣；烯烃与氧可以发生反应形成氧化产物，氧化产物又可以与含硫、氮、氧的活性杂原子化合物发生聚合反应而形成沉渣。沉渣是结焦的前驱物，它们容易在下游设备中较高温部位，如生成油/原料油换热器及反应器顶部，进一步缩合结焦，造成反应器和系统压降升高、换热器换热效果下降等。因此，防止原料油与氧气接触，是避免和减少换热器和催化剂床层顶部结焦的十分必要的措施。原料油保护的方法主要有惰性气体保护和内浮顶储罐保护。惰性气体保护是用不含氧的气体充满油面以上，使原料油与氧气隔离。一般用氮气作保护气，也可以用炼厂的瓦斯气作保护气。装置运行期间应对原料油保护气进行定期采样分析氧含量。为达到良好的保护效果，惰性气体中的氧含量应低于 $5\mu L/L$。

（2）反应系统为什么设注水点？

反应系统设置注水的目的是清洗掉反应产物中析出的铵盐，这些铵盐既影响了换热效果，又阻塞了管路，造成系统压降上升，不利于装置的安全运行。反应产物所析出的铵盐包括两种类型，一是 NH_4Cl，结晶温度 $180\sim200$℃；另一个是 NH_4HS，结晶温度 150℃。因为结晶温度不同，使得在系统中析出的部位不同。NH_4Cl 一般在最后两台换热器处析出，而 NH_4HS 一般在高压空冷析出。为此，针对铵盐析出的不同部位设置注水的位置、数量，一般在高压空冷入口及最后两台高压换热器管程入口设置注水点。

（3）冷氢的作用是什么？影响冷氢量的因素有哪些，如何调节？

加氢过程是强放热反应，随着反应的深入，释放的热量越来越大。因此在工业加氢装置上，沿反应器轴向存在催化剂床层温升。当反应温升过高而控制不当时，可能导致如下结果：

① 反应器内形成高温反应区。反应物流在高温区内激烈反应，大分子持续断裂，放出更多的热量，使温度更高，如此恶性循环导致飞温事故。

② 随着运转时间的延长，催化剂逐渐失活，当提高反应温度加以弥补时，将使得靠近反应器下部的一部分高温区催化剂过早达到最高设计温度被迫停工。而此时反应器顶部低温区催化剂尽管仍有较高活性，却没有得到充分利用，使装置效益降低。

③ 对产品质量和选择性不利。在加氢处理反应中，加氢脱氮和芳烃饱和反应受热力学平衡制约，当反应温度提高到一定数值后，平衡转化率下降，使脱氮、芳烃饱和率下降，产品质量下降。

在加氢裂化反应中，高的反应温度会加速二次反应，导致中馏分油选择性下降，气体产率增加。但是为了降低加热炉负荷，我们需要反应器出口温度越高越好，而且反应器高温升可以降低床层间冷氢量，降低循环氢压缩机负荷，降低能耗。为了上述两个原因，就需要控制反应器总温升和每个床层的温升在一个合适的范围内，经过摸索和实际工业装置的应用，反应器温升控制在 $25\sim35$℃经济效益最好。因此，在设计装置时，应根据反应放热情况设置催化剂床层高度，一般控制加氢裂化每个床层温升不大于 $10\sim15$℃（分子筛催化剂要求不大于 10℃）。

冷氢是控制床层温度的重要手段，冷氢量应根据床层温度的变化而相应改变。影响冷氢量大小的因素有：①床层温升的变化；②循环氢总流量的变化及循环氢压缩机负荷情况；③新氢流量的变化；④精制反应器和裂化反应器入口流量的变化；⑤某点冷氢量的变化。开始运转时，为了平均利用催化剂活性的有效温度，延长使用寿命，就要注入一定的冷氢量，并实现自动调节。以后，则根据床层温升情况，再做给定的调整。在使用某点冷氢时，要考虑对其他冷氢点的影响，正常的操作应保持各床层冷氢阀在＞10％和＜50％开度状态，以备应急。当床层温度急升时首先用冷氢迎面截住，并适当调整炉温，降低反应器入口温度。

（4）反冲洗过滤器有何作用？

因原料中含有各种杂质，进到装置后一方面会使换热器或其他设备结垢或堵塞，增加设备的压力降及降低换热器的换热效果；另一方面是会污染催化剂或使催化剂结垢、结焦、降低活性（床层压力降增大），缩短运转周期等。所以原料在进装置前必须过滤，采用能够除去 25μm 固体颗粒的过滤器，基本完全过滤掉原料油中的机械杂质和锈焊渣等杂质，同时也可以过滤掉一部分大分子量的胶质、沥青质及焦炭等物质，起到保护催化剂的作用。

3.2.2 分馏部分

3.2.2.1 加氢裂化工艺技术特点（分馏部分）

① 分馏部分采用"主汽提塔＋分馏塔"的流程。反应部分冷低分罐出来的冷低分油和反应产物换热后与热低分油分别进入主汽提塔不同塔盘，被分离为塔顶气体、塔顶液和塔底稳定化油，塔顶气至硫黄装置脱硫处理，塔顶液进入液化气脱硫塔，塔底液换热后进入分馏塔。

② 油品分馏采用常压塔方案，由分馏塔侧线抽出航煤组分和柴油，塔顶为石脑油，塔底为循环油（尾油），为降低塔底温度防止油品热裂解，常压塔采用进料加热炉加塔底水蒸气汽提方式，不设减压塔，在常压塔中完成柴油与蜡油的分割，流程简单，节省投资和占地。

③ 原料油至分馏部分换热，充分回收航煤、柴油的热量。

④ 分馏塔设中段取热为分馏塔进料、稳定塔进料、稳定塔底重沸器提供热源。

3.2.2.2 分馏部分工艺流程

分馏部分工艺流程见图 3-3。

自反应部分来的热低分油和换热后的冷低分油进入汽提塔（T1002）不同塔盘。汽提塔共有 36 层浮阀塔盘，塔底由过热蒸汽汽提。塔顶气经汽提塔顶空冷器（A1002）和主汽提塔顶后冷器（E1008）冷却至 40℃后进入汽提塔顶回流罐（V1013）进行油、水、气三相分离。V1013 中不凝气和低分气至硫黄装置脱硫处理；V1013 的油相经汽提塔回流泵（P1004A/B）升压后分两股：一股返回塔内，在回流量和塔顶温度串级控制下回流；另一股在液位与流量控制下作为液化气脱硫

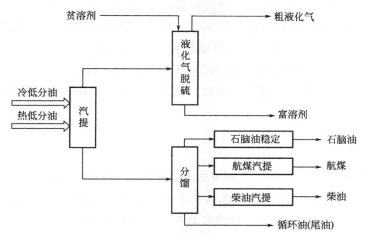

图 3-3 分馏部分工艺流程

塔进料（T1006），T1002 塔底油在流量及液位串级控制下进入中段柴油/分馏塔进料换热器（E1010A/B/C）、尾油/分馏塔进料换热器（E1011）、反应流出物/分馏塔进料换热器（E1004）换热后再经分馏塔进料加热炉（F1002）加热进入分馏塔（T1003）。

分馏塔塔底由汽提蒸汽加热，塔顶气依次经分馏塔顶气/低温热水换热器（E1019）和分馏塔顶空冷器（A1003）降至 50℃进入分馏塔顶回流罐（V1015）。V1015 塔顶液经分馏塔回流泵（P1007A/B）升压后分两股：一股在流量和塔顶温度串级控制下作为塔内回流，另一股在流量和回流罐液位串级控制下经换热后进入稳定塔（T1007）。

航煤馏分自 T1003 侧线第 17 块塔盘抽出，自流进入航煤侧线汽提塔（T1004），该塔的进料量由 T1004 底液位来控制。T1004 塔顶油气返回到 T1003 第 15 块塔盘。T1004 塔底采用蒸汽汽提。汽提后的航煤产品由 T1004 底抽出，经航煤泵（P1008A/B）升压后依次通过航煤/原料油换热器（E1012）、低温热水换热器（E1023）、航煤空冷器（A1004）冷却至 45℃经航煤脱水器（V1017）出装置。

柴油自 T1003 第 30 块塔盘抽出分为两段：一段经柴油中段回流泵（P1013A/B）升压后，依次经过中段柴油/分馏塔进料换热器（E1010A/B/C）、柴油/稳定塔进料换热器（E1017）、稳定塔底重沸器（E1020）返回 T1003 第 28 块塔盘；另一段自流进入柴油侧线汽提塔（T1005），汽提的柴油经柴油泵（P1009A/B）升压后依次通过柴油/原料油换热器（E1013）、柴油/低温热水换热器（E1014）、柴油空冷器（A1005）降至 50℃出装置。

尾油自 T1003 底经分馏塔底泵（P1010A/B）升压后，经尾油/分馏塔进料换热器（E1011）循环至反应部分或经尾油/原料油换热器（E1015）、尾油空冷器（A1006）降至 90℃出装置。

　　分馏塔顶馏出液经石脑油/稳定塔进料换热器（E1016）、中段柴油/稳定塔进料换热器（E1017）换热后进入稳定塔（T1007）。稳定塔设 40 块塔盘，塔底重沸器的热量由中段柴油提供。稳定后的石脑油经石脑油泵（P1012A/B）升压后经 E1016、石脑油空冷器（A1007）、石脑油冷却器（E1022）冷却至 40℃出装置。

　　来自汽提塔顶回流罐、冷低压分离器、富液闪蒸罐、含硫污水闪蒸罐的轻烃一起出装置处理。

[知识扩展]

　　固定床加氢裂化的流程总体上分为三类：两段法加氢裂化工艺（图 3-4）、单段加氢裂化工艺（图 3-5）和一段串联加氢裂化工艺。诸如一段串联两段（未转化油单独）加氢裂化以及其他流程都是从这三种流程的基础上演化而来的。

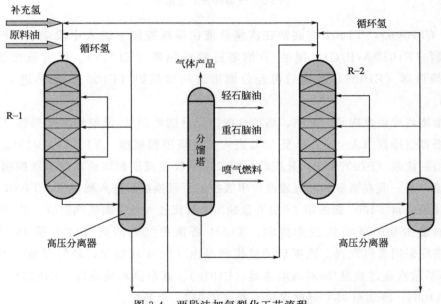

图 3-4　两段法加氢裂化工艺流程

　　① 两段法加氢裂化工艺。两段法加氢裂化采用两个反应器，20 世纪初开始用于煤及其衍生物的加氢裂化。原料油先在第一段反应器中进行加氢精制（HDS、HDN、HDO、烯烃饱和、HDA 并伴有部分转化）后，进入高压分离器进行气/液分离；高压分离器顶部分离出的富氢气体在第一段循环使用，高压分离器底部的流出物进入分馏塔，切割分离成石脑油、喷气燃料及柴油等产品；塔底的未转化油进入第二段反应器进行加氢裂化；第二段的反应流出物进入第二段的高压分离器，进行气/液分离，其顶部导出的富氢气体在第二段循环使用；第二段高压分离器底部的流出物与第一段高压分离器底部流出物，进入同一分馏塔进行产品切割。

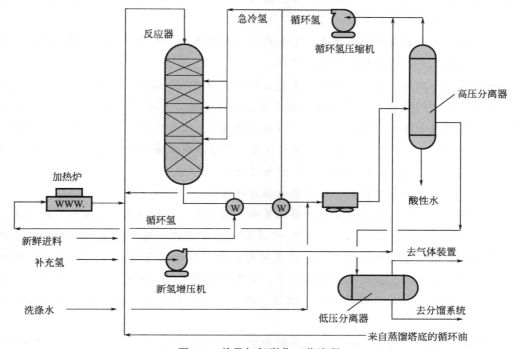

图 3-5　单段加氢裂化工艺流程

② 单段加氢裂化工艺。单段法加氢裂化采用一个反应器，既进行原料油 HDS、HDN、HDO、烯烃饱和、HDA，又进行加氢裂化反应。采用一次通过或未转化油循环裂化的方式操作均可。

③ 一段串联加氢裂化工艺。一段串联加氢裂化采用两个反应器串联操作。原料油在第一反应器（精制段）经过深度加氢脱氮后，其反应物流直接进入第二反应器（裂化段）进行加氢裂化。裂化段出口的物流经换热、空冷/水冷后，进入高、低压分离器进行气/液分离，高压分离器顶部分离出的富氢气体循环使用，其液体馏出物到低压分离器进一步进行气/液分离。低压分离器的液体流出物，到分馏系统进行产品切割分馏，其塔底的未转化油返回（或部分返回）裂化段循环裂化，或出装置作为下游装置的原料。

［知识探究］

（1）原料油中含水量为何要控制？如何控制？

加氢原料在进装置前要脱除明水，原料中含水有下面几个危害：①引起加热炉操作波动，炉出口温度不稳，反应温度随之波动，燃料耗量增加，产品质量受到影响；②原料中大量水汽化引起系统压力变化，恶化各控制回路的运行；③对催化剂造成危害，高温操作的催化剂如果长时间接触水分，容易引起催化剂表面活性金属组分的聚集，活性下降，强度下降，催化剂发生粉化现象，堵塞反应器。水的汽化潜热很大，而且水汽化后体积增加很多。

原料大量带水会出现如下现象：①加热炉负荷增大；②系统压力上升且波动；③高压分离器界面上升；④原料换热温度降低。

出现原料带水后，应：①联系厂调度立即切换油罐，加强脱水工作；②注意加强原料罐脱水，并控制好液位；③保持反应压力、温度平稳，尽量减小原料带水造成的影响；④如果原料含水量大于 300×10^{-6}（以分析为准），再检查另一个试样，原料含水量确实大于 300×10^{-6}，而且操作上波动厉害，有危及装置安全的危险，则紧急降温降量直至切断进料，按"新鲜进料中断"方案处理。

(2) 反应进料加热炉炉前、炉后混氢各自的特点是什么？

加氢裂化反应加热炉混氢分为炉前混氢和炉后混氢，两种混氢方式有各自的特点。

对于炉前混氢的加热炉来说，在气-液两相流的炉管内，选择流速的同时应考虑流型。考虑到炉前混氢的加热炉内油品结焦倾向很大，因此在设计时，应保证70％处理量时仍能达到环雾流。当然在实际操作中，如果处理量再低，还可以采取加大氢油比等措施来保证高流速。为了避免结焦，流速（混合流速）最小应能保证得到环雾流和雾状流。

一般反应加热炉均采用水平管双面辐射炉炉型，有下面几个特点：①操作弹性大，由于水平管比垂直管更容易得到环状流或雾状流流型，因此加热炉更容易适应多种工况条件下的操作；②压降小，由于水平管双面辐射的平均热强度是单面辐射的平均热强度的1.5倍，其炉管水平长度只有单面辐射的0.66倍，即在管内流速相同时，其压降仅为单面辐射的66％；③设备投资少，加氢反应进料加热炉的炉管均采用 TP321 或 TP347 材质，炉管占全炉投资的比例在40％以上，因此炉管缩短重量变轻，投资节省。炉前混氢流程在设计时必须解决加热炉物流分配设计和避免炉管结焦。炉前混氢的优点是换热流程及换热器设计简单，传热系数高，换热面积小，在事故情况下，加热炉不易断流。

炉后混氢的关键是要有足够的氢气循环量（氢油比）携带热量，而不会使氢气加热炉出口温度过高。一般加氢裂化氢油比均大于800，因此循环氢量能够满足要求。炉后混氢的优点有：①氢气较纯净，不会结焦，因此可以大大地提高加热炉管的壁温，使得加热炉体积缩小，节省钢材；②氢气较均匀，对于多路进料的加热炉，只要各路阻力相等，无须调节阀即可自动分配均匀，节省投资；③加热炉易设计，有些换热器可视情况降低材质，节省投资。

(3) 热高分流程特点是什么？

对于 VGO 及更重原料的加氢精制装置和加氢裂化装置，一般采用热高分流程，以防止冷高分流程在操作过程中，特别是在开停工过程中产生的乳化，并可以降低能耗。是否选择该流程应根据反应操作压力、新氢的纯度、能耗、氢耗、循环氢纯度等综合比较后确定。热高分的应用应特别注意溶解氢的回收及对经济性的影响。

与冷高分流程相比，采用热高分流程的优点是：①大量反应产物直接从热高压分离器排出，经过热低压分离器油气分离后，直接送至分馏系统，换热量大大减少，减小高压换热器面积，节省投资；②生成油不经过高压空冷器冷却，大大减小高压空冷器的面积，节省换热器和空冷器的投资，冷却负荷减小；③可减小生成油分馏换热和加热炉负荷；④全循环流程可以防止稠环芳烃的积聚、堵塞高压空冷器，据介绍，高度缩合的稠环芳烃约在200℃时就开始析出；⑤可以避免冷高分乳化，特别是在开工过程中；⑥热量回收利用率高，降低装置能耗。

采用热高分流程的缺点：①降低了循环氢纯度；②增加一个热高压分离系统，使流程复杂；③设计不好时投资可能会略高；④最大的缺点是热高分油溶解带走的氢气量较大，如果不回收经济损失较大。从新建装置来看，设计单位更为趋向于热高分流程，为解决氢气损失问题，一般都设置低分气脱硫系统，脱硫之后的低分气送至氢提纯单元回收氢气。

第 4 章

原料产品及催化剂

4.1 深度加氢装置原料及产品特点

4.1.1 加氢裂化原料

4.1.1.1 加氢裂化主要原料

加氢裂化过程可以加工的原料范围相当广泛。二战时期德国曾经利用褐煤作为原料生产优质发动机原料作为军用燃料，但因经济性较差，装置在战后停用。由于现代石油化工工业的发展，对化纤、乙烯原料以及轻质油品的需求增加，加氢裂化技术得到迅速发展，轻至石脑油，重至常压馏分油、减压馏分油、脱沥青油、减压渣油均可作为加氢裂化原料，二次加工产品如催化裂化循环油和焦化瓦斯油也可以作为加氢裂化生产原料，目前国内装置加氢裂化使用量最多的是减压馏分油。

4.1.1.2 加氢裂化原料油中的杂质

加氢裂化原料油中的杂质通常是指原料油中非烃类化合物所含的硫、氮、氧、氯和重金属，以及水和机械杂质等。

（1）硫　尽管加氢裂化对原料油的硫含量没有限制，但原料油的硫含量对加氢过程的作用和影响不容低估。原料油中的有机硫化合物在加氢过程中生成相应的烃类和硫化氢（H_2S），在反应系统中具有一定的 H_2S 分压，适当的 H_2S 分压有助于维持硫化型加氢催化剂良好的硫化状态、活性和稳定性。对于非贵金属的硫化型加氢催化剂来说，反应系统的 H_2S 分压应保持在 0.05MPa 以上，即在反应系统压力 10.0～15.0MPa 的条件下，循环氢中的 H_2S 含量应控制在 0.05％（体积分数）以上。

（2）氮　原料中的含氮化合物对裂化催化剂的活性、产品的质量（安定性）有极大的负面影响。对于一段串联的加氢裂化过程，在精制段的反应器中，将原料油的氮含量降低到预期的程度（例如小于 $10\mu g/g$ 或更低），使精制油的氮含量满足加氢裂化催化剂对进料氮含量的要求，有助于实现装置的长期稳定运转。在单段加氢裂化工艺中，在其反应器的顶部床层装填适量的精制催化剂，降低裂化催化剂床层入口进料的氮含量，会有助于降低其反应温度。

（3）氧　氧化物在加氢裂化过程中对催化剂的活性和稳定性没有直接的影响，但加氢生成的水（水蒸气）对含分子筛裂化催化剂的活性和稳定性有较大的不利影响。有机含氧化合物的氧很容易加氢脱除。目前，加氢裂化对天然原料油中的氧含量没有具体的限值。进料中的氧含量高，会增加放热反应和化学氢耗量。原料中含有过多的环烷酸，易腐蚀上游的设备和管线，其生成的环烷酸铁易在反应器内顶部沉积，使压力降上升，影响运转周期。

4.1.1.3　原料变化时反应器床层温度的变化

原料硫含量增高，床层温度上升；原料氮含量增高，床层温度上升；循环氢纯度提高，床层温度上升；新鲜进料量增大，床层温度下降；原料含水量增加，床层温度下降；原料变重，床层温度下降。

4.1.1.4　原料性能对裂化转化率的影响

① 原料油的密度：密度越大，越难加氢裂化，一般需提高反应温度。

② 原料油的族组成（或原料的品种来源）：烷烃较易裂解，而环烷基的原料难裂解，需提高苛刻度。

③ 原料油的干点：原料油的干点高，原料油的氮含量将随之增加。原料油平均沸点越高和分子量越大，则越难转化，应增加反应的苛刻度。

④ 原料油的残炭和沥青质：残炭高和沥青质高的原料，短时间对反应影响不大，但长期操作将降低催化剂的活性与选择性，必须提高反应温度来弥补催化剂这一失活因素，来维持一定的裂化转化率。

4.1.1.5　原料油的特性因数和馏程对加氢裂化的影响

随着原料油特性因数降低，产品中环烷烃（N）＋芳烃（A）的含量增高。在一定的氢分压和空速下，原料油的特性因数高，反应温度较低，生成喷气燃料的选择性较高。此外，特性因数 K 值高，裂化温度较低，原料易裂化，对催化剂有利。

原料的馏程范围对裂化性能有重要影响。单纯靠馏程来预测原料裂化性能是不够的，因为在同一段沸点范围内，不同原料的化学组成可以相差很大。一般说来，沸点高的原料由于其分子量大，容易被催化剂表面吸附，因而裂化反应速度较快。但当沸点高到一定程度后，就会因扩散慢、催化剂表面积炭快、气化不好等原因而出现相反的情况，所以加氢裂化通常会对原料的馏程进行限制。

4.1.1.6　对新氢的要求

从理论上说，新氢的纯度越高越好，但对于实际工业生产来说，如氢气来源于有变压吸附的各类氢气装置（或膜分离装置），则纯度一般不会存在问题。对于来源于其他途径的氢气一般都要求纯度不小于 95%，且其中的某些杂质含量（像 $CO＋CO_2$、Cl^-

等）要符合相应的要求。对于氢纯度小于95％的重整氢一般多用于加氢精制装置，而在加氢裂化装置上的使用还不太常见。

4.1.2 加氢裂化产品

深度加氢装置的主要产品有粗液化气、石脑油、航空煤油、柴油馏分、加氢裂化尾油。

4.1.2.1 粗液化气

粗液化气是以丙烷、丁烷为主要成分的碳氢化合物，在常温常压下为气体，只有在加压或降温的条件下才变成液体，故称为液化石油气。常温下，液化石油气中的乙烷、乙烯、丙烷、丁烯、丁烷等均为无色无臭的气体，它们都比水轻，且不溶于水。

4.1.2.2 石脑油

（1）轻石脑油　通常，加氢裂化的轻石脑油是指 C_5-65℃或 C_5-82℃馏分。加氢裂化轻石脑油馏分中的异构烷烃含量高，辛烷值较高，是优质的清洁汽油调和组分，也可用作烃水蒸气转化制氢原料或蒸汽裂解制乙烯原料。轻石脑油的产率与催化剂的选择性和加氢裂化的转化深度密切相关，少者1％～2％，多者23％～24％；轻石脑油中的异构烷烃含量与其馏程有关，C_5-65℃轻石脑油的异构烷烃含量要高于 C_5-82℃轻石脑油。

（2）重石脑油　65～177℃或82～132℃的重石脑油馏分是加氢裂化的主要目的产品之一，其硫、氮含量低，小于 $0.5\mu g/g$，芳烃潜含量高，是优质的催化重整的进料组分。重石脑油的芳烃潜含量与原料油的性质和加氢裂化的转化深度有关。加氢裂化的单程转化率越高，重石脑油的芳烃潜含量越低。重石脑油的产率主要取决于加氢裂化的转化深度。

4.1.2.3 航空煤油

航空煤油一般是130～230℃馏分，是优质的喷气燃料或喷气燃料组分。航空煤油除了对馏程有一定要求外，由于特定的使用环境和条件，其主要规格质量指标要求密度（20℃）不小于 $0.775g/cm^3$，闪点（闭口）不低于38℃，冰点不高于－47℃，芳烃含量不大于20％，硫醇性硫含量不大于0.002％，烟点不小于25mm。在烟点放宽至不小于20mm时，萘系烃含量应不大于3％。另外，还有一些相关的质量指标和动态热安定性指标要求。

4.1.2.4 柴油馏分

加氢裂化柴油馏分的馏程范围取决于其产品喷气燃料、循环油或尾油的切割方案，一般是232～350℃、260～350℃或282～350℃馏分。近年来，为提高柴汽比，在其馏程95％馏出温度不高于365℃的前提下，有的已将切割点延伸到373℃或385℃。加氢裂化柴油馏分的硫、氮和芳烃含量低，十六烷值高，是生产柴油的清洁组分。

4.1.2.5 加氢裂化尾油

（1）加氢裂化尾油的性质　加氢裂化在采用单程一次通过和尾油部分循环裂解的工艺流程时，都会产生一部分尾油。在加氢裂化过程中，由于原料油中的多环芳烃的逐环加氢饱和、开环裂解，所以加氢裂化尾油中富含链烷烃，不同烃类的氢含量排序是链烷烃＞环烷烃＞芳香烃，故其具有氢含量高、硫氮含量及芳烃含量低等特点，有较广泛的用途。

（2）加氢裂化尾油的利用　加氢裂化尾油（未转化油）的性质与原料油、催化剂、工艺流程、转化深度及馏程等有关。其主要利用途径是在加氢裂化装置上循环裂解，或用作蒸汽裂解制乙烯原料、FCC原料和润滑油基础油原料。

4.1.3　加氢裂化产品的特点

加氢裂化产品质量好。由于加氢裂化是在高压、富氢气氛中裂化，因此，加氢裂化能使高凝点的重油转化成优质的航空煤油、低凝柴油和高黏度指数的润滑油基础油，加氢裂化的轻石脑油异构烃占比例大，通常为正构烃的2～3倍；芳烃含量低（一般小于10%），基本不含不饱和烃；非烃类含量低；<80℃的组分的辛烷值约为75～85，可用作车用汽油调和组分，也可用作轻油制氢的原料。重石脑油的芳烃潜含量高，是催化重整用于生产芳烃非常好的原料。煤油馏分冰点低、烟点高，是优质的喷气燃料。柴油馏分的十六烷值高、倾点低，是清洁车用柴油的理想组分。未转化油BMCI值低，硫、氮含量低，乙烯收率高，是优质的乙烯原料。随着现代对润滑油性质的要求愈加苛刻，加氢裂化尾油因为异构烷烃组分多，对添加剂感受性好，成为制取高档润滑油料的一个重要途径，但该工艺对原料有一定的要求。加氢裂化原料来源十分广泛和灵活。第二次世界大战期间出现了以煤为原料制取汽油的加氢裂化装置。现代出现了以石脑油、煤油、直馏柴油、直馏馏分油（AGO）、天然气凝析油、减压瓦斯油（VGO）、催化裂化轻循环油（LCO）和重循环油（HCO）、焦化瓦斯油（CGO）、脱沥青油和脱金属油、常压渣油（AR）、减压渣油（VR）为原料的加氢裂化，当然各自的操作条件和目的产品也有所不同。

加氢裂化生产方案灵活，加氢裂化分固定床反应器和沸腾床反应器两大类。固定床反应器有一段流程、两段流程和串联流程等，通过选择不同种类的催化剂和改变转化率可以实现生产方案的改变。例如：最大量生产化工石脑油；灵活生产中间馏分油和石脑油；最大量生产中间馏分油等。

加氢裂化液体产品收率高。由于烷烃的加氢裂化在其正碳离子的β位处断链，很少生成C_3以下的低分子烃，所以加氢裂化的液体产品收率高，液体收率通常都在96%以上。

［知识扩展］

（1）汽油辛烷值及牌号有什么关系？

汽油辛烷值是汽油在稀混合气情况下抗爆性的表示单位。在数值上等于在规定条件下与试样抗爆性相同时的标准燃料中所含异辛烷的体积分数。

辛烷值的测定是在专门设计的可变压缩比的单缸试验机中进行的。

汽油牌号按辛烷值划分为 92#、95#、98#。

(2) 加氢裂化重石脑油的性质有何特点？

由于加氢裂化工艺的特性，当使用断环选择性较好的催化剂时石脑油中环烷烃含量较高，饱和度好，硫、氮等非烃杂质少，因此可以作为催化重整原料，可以直接使用；同时由于芳烃潜含量高（一般高于 50%），其芳烃收率以及重整生成油的辛烷值也较高。

(3) 轻柴油的牌号如何划分？

凝固点用以表示柴油的牌号，如 0# 轻柴油的凝固点要求不高于 0℃，它是柴油产品的重要指标，表示油品在低温下的流动性能。在冬季为保证柴油发动机正常运行，通常采用低凝点柴油（如－10#、－35# 柴油）。

轻柴油的牌号就是按其凝固点而划分为 10#、0#、－10#、－20#、－35#、－50# 六个品种。

(4) 加氢裂化柴油的质量有何特点？

加氢裂化柴油由于其工艺性质，异构烷烃/正构烷烃比值大，芳烃含量低于 10%，没有烯烃组分。因此抗爆性能好，稳定性强，十六烷值高，可以满足欧Ⅲ指标要求，可以作为清洁柴油直接出厂。但是由于加氢裂化柴油脱硫率过高也带来一定的问题，天然存在的硫化物与馏分的配伍性较好，能够提供很好的润滑性，随着硫含量的降低油品的润滑性能下降、抗磨指数上升，需要加入抗磨剂。而其他各馏分油多存在硫含量高、芳烃含量高、十六烷值低的问题，作为成品柴油时燃烧性能差，存在尾气中硫化物污染环境的问题。

(5) 评定石脑油的腐蚀性有何用处？

产品轻石脑油甚至重石脑油的腐蚀性不合格，一般是由于反应脱硫醇效果差和分馏分离效果不好导致携带少量硫化氢两种原因。硫醇是一种氧化引发剂，在油品储运过程中，极易与油品中的不饱和烃迭合生成胶状物质，从而使油品的安定性变差，当油品中硫醇含量大于 60×10^{-6} 时，就会有腐蚀性，在汽车衬铅的油箱中产生严重的腐蚀现象，所以控制轻石脑油腐蚀性合格具有重要的意义。

(6) 评定油品的抗氧化安定性有何用处？

油品在储存和使用过程中抵抗氧化作用的能力，汽油的抗氧化安定性用诱导期或实际胶质等指标表示。润滑油则以在缓和氧化条件下生成的水溶性酸，或者在深度氧化条件下形成的沉淀和酸值来表示。油品的抗氧化安定性与其组成、环境温度、氧的浓度和催化剂的存在有关。氧化后生成中性氧化物和酸性氧化物，中性氧化物进一步缩合生成沥青胶质或炭化物，堵塞机件，使油变质，黏度增大，颜色变深，酸性氧化物则对金属有腐蚀作用。

(7) 评定柴油的馏程有何用处？

柴油的馏程是一个重要的质量指标。柴油机的速度性能越高，对燃料的馏程要求就越严，一般来说，馏分轻的燃料启动性能好，蒸发和燃烧速度快。但是燃料馏分过轻，自燃点高，燃烧延缓期长，且蒸发程度大，在点火时几乎所有喷入气缸里的燃料都会同时燃烧起来，结果造成缸内压力猛烈上升而引起爆震。燃料过重也不好，会使喷射雾化不良，蒸发慢，不完全燃烧的部分在高温下受热分解，生成炭渣而弄脏发动机零件，使排气中有黑烟，增加燃料的单位消耗量。馏程的主要项目是 50% 和 90% 馏出温度。轻柴油质量指标要求 50% 馏出温度不高于 300℃，90% 馏出温度不高于 355℃，95% 馏出温度不高于 365℃。柴油的馏程和凝固点、闪点也有密切的关系。

（8）评定柴油低温流动性有何用处？

我国评定柴油低温流动性的指标是凝点和冷滤点。

凝点也是柴油的重要质量指标。在冬季或空气温度降低到一定程度时，柴油中的蜡结晶析出会使柴油失去流动性，给使用和储运带来困难。对于高含蜡原油，在生产过程中往往需要脱蜡，才能得到凝点符合规格要求的柴油。

冷滤点可体现车用柴油的最低极限使用温度。

（9）评定轻柴油安全性有何用处？

评定轻柴油安全性的指标是闪点，轻柴油的闪点是根据安全防火的要求而规定的一个重要指标。柴油的馏程越轻，则其闪点越低。

（10）评定柴油点火性能有何用处？

评定柴油点火性能的指标是十六烷值。十六烷值是在规定试验条件下，用标准单缸试验机测定柴油的着火性能，并与一定组成的标准燃料（由十六烷值定为 100 的十六烷和十六烷值定为 0 的 α-甲基萘组成的混合物）的着火性能相比而得到的实测值。当试样的着火性能和在同一条件下用来作比较的标准燃料的着火性能相同时，则标准燃料中的十六烷所占的体积分数，即为试样的十六烷值。柴油中正构烷烃的含量越大，十六烷值也越高，燃烧性能和低温启动性也越好，但沸点、凝点将升高。

4.2 产品国家标准

4.2.1 车用汽油（Ⅴ）技术要求和试验方法

车用汽油（Ⅴ）技术要求和试验方法见表 4-1。

表 4-1 车用汽油（Ⅴ）技术要求和试验方法

项目	质量指标			试验方法
	89#	92#	95#	
抗爆性 　研究法辛烷值(RON) 　抗爆指数(MON＋RON)/2	89 84	92 87	95 90	GB/T 5487 GB/T 503、GB/T 5487

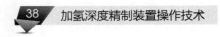

续表

项目		质量指标			试验方法
		89#	92#	95#	
铅含量①/(g/L)	不大于		0.005		GB/T 8020
馏程 　10%蒸发温度/℃ 　50%蒸发温度/℃ 　90%蒸发温度/℃ 　终馏点/℃ 　残留量(体积分数)/%	不高于 不高于 不高于 不高于 不大于		70 120 190 205 2		GB/T 6536
蒸气压②/kPa 　11月1日~4月30日 　5月1日~10月31日			45~85 40~65③		GB/T 8017
胶质含量/(mg/100mL) 　未洗胶质含量(加入清净剂前) 　溶剂洗胶质含量	不大于 不大于		30 5		GB/T 8019
诱导期/min	不小于		480		GB/T 8018
硫含量④/(mg/kg)	不大于		10		SH/T 0689
硫醇(博士试验)			通过		NB/SH/T 0174
铜片腐蚀(50℃,3h)			1级		GB/T 5096
水溶性酸或碱			无		GB/T 259
机械杂质及水分			无		目测⑤
苯含量⑥(体积分数)/%	不大于		1.0		SH/T 0713
芳烃含量⑦(体积分数)/%	不大于		40		GB/T 11132
烯烃含量⑧(体积分数)/%	不大于		24		GB/T 11132
氧含量⑨(质量分数)/%	不大于		2.7		NB/SH/T 0663
甲醇含量①(质量分数)/%	不大于		0.3		NB/SH/T 0663
锰含量①/(g/L)	不大于		0.002		SH/T 0711
铁含量①/(g/L)	不大于		0.01		SH/T 0712
密度(20℃)/(kg/m³)			720~775		GB/T 1884、GB/T 1885

注：①车用汽油中，不得人为加入甲醇以及含铅或含铁的添加剂。

②也可采用 SH/T 0794 进行测定，在有异议时，以 GB/T 8017 方法为准，换季时，加油站允许有 15 天的置换期。

③广东、海南全年执行此项要求。

④也可采用 GB/T 11140、SH/T 0253、ASTM D7039 进行测定，在有异议时，以 SH/T 0589 方法考虑。

⑤将试样注入 100mL 玻璃量筒中观察，应当透明，没有悬浮和沉降的机械杂质和水分。在有异议时，以 GB/T 511 和 GB/T 260 方法为准。

⑥也可采用 GB/T 28768、GB/T 30519 和 SH/T 0693 进行测定，在有异议时，以 SH/T 0713 方法为准。

⑦对于 95# 车用汽油，在烯烃、芳烃总含量控制不变的前提下，可允许芳烃含量的最大值为 42%（体积分数）。也可采用 GB/T 28768、GB/T 30519、NB/SH/T 0741 进行测定，在有异议时，以 GB/T 11132 方法为准。

⑧也可采用 SH/T 0720 进行测定，在有异议时，以 NB/SH/T 0663 方法为准。

⑨也可采用 SH/T 0604 进行测定，在有异议时，以 GB/T 1884、GB/T 1885 方法为准。

4.2.2 车用柴油（Ⅴ）技术要求和试验方法

车用柴油（Ⅴ）技术要求和试验方法见表 4-2。

表 4-2 车用柴油（Ⅴ）技术要求和试验方法

项目		质量指标						试验方法
		5#	0#	－10#	－20#	－35#	－50#	
氧化安定性(以总不溶物计) /(mg/100mL)	不大于	2.5						SH/T 0175
硫含量①/(mg/kg)	不大于	10						SH/T 0689
酸度(以 KOH 计)/(mg/100mL)	不大于	7						GB/T 258
10%蒸余物残炭②(质量分数)/%	不大于	0.3						GB/T 17144
灰分(质量分数)/%	不大于	0.01						GB/T 508
铜片腐蚀(50℃,3h)/级	不大于	1						GB/T 5096
水分③(体积分数)/%		痕迹						GB/T 260
机械杂质④		无						GB/T 511
润滑性 磨痕直径(60℃)⑤/μm	不大于	460						SH/T 0765
多环芳烃含量⑥(质量分数)/%	不大于	11						SH/T 0806
运动黏度(20℃)/(mm²/s)		3.0~8.0		2.5~8.0		1.8~7.0		GB/T 265
凝点/℃	不高于	5	0	－10	－20	－35	－50	GB/T 510
冷滤点/℃	不高于	8	4	－5	－14	－29	－44	SH/T 0248
闪点(闭口)/℃	不低于	60		50		45		GB/T 261
十六烷值	不小于	51		49		47		GB/T 386
十六烷指数⑦	不小于	46		46		43		SH/T 0694
馏程 50%回收温度/℃ 不高于 90%回收温度/℃ 不高于 95%回收温度/℃ 不高于		300 355 365						GB/T 6536
密度⑧(20℃)/(kg/m³)		810~850			790~840			GB/T 1884、 GB/T 1885

续表

项目	质量指标						试验方法
	5#	0#	−10#	−20#	−35#	−50#	
脂肪酸甲酯⑨（体积分数）/% 　不大于				1.0			NB/SH/T 0916

注：①也可采用 GB/T 11140 和 ASTM D7039 进行测定，结果有异议时，以 SH/T 0689 方法为准。

②也可采用 GB/T 268 进行测定，结果有异议时，以 GB/T 17144 方法为准。若车用柴油中含有硝酸酯型十六烷值改进剂，10%蒸余物残炭的测定使用不加硝酸酯的基础燃料进行。

③可用目测法，即将试样注入 100mL 玻璃量筒中，在室温（20±5）℃下观察，应当透明，没有悬浮和沉降的水分，也可采用 GB/T 11133 和 SH/T 0246 测定，结果有异议时，以 GB/T 260 方法为准。

④可用目测法，即将试样注入 100mL 玻璃量筒中，在室温（20±5）℃下观察，应当透明，没有悬浮和沉降的水分。结果有异议时，以 GB/T 511 方法为准。

⑤也可采用 SH/T 0606 进行测定，结果有异议时，以 SH/T 0806 方法为准。

⑥也可采用 GB/T 30515 进行测定，结果有异议时，以 GB/T 265 方法为准。

⑦十六烷指数的计算也可采用 GB/T 11139，结果有异议时，以 SH/T 0694 方法为准。

⑧也可采用 SH/T 0604 进行测定，结果有异议时，以 GB/T 1884 和 GB/T 1885 方法为准。

⑨脂肪酸甲酯应满足 GB/T 20828 的要求，也可采用 GB/T 23801 进行测定，结果有异议时，以 NB/SH/T 0961 方法为准。

4.3　产品数据分析

产品数据分析见表 4-3。

表 4-3　产品数据分析

项目		取样地点	分析项目	分析频次	取样时间	标准值	试验方法
深度加氢车间	粗石脑油		密度	次/24h	白班 9:00		GB/T 1884
			馏程			干点≤200℃	GB/T 6536
			硫化氢				GB/T 5096
			硫含量			≤10×10⁻⁶	SH/T 0689
	（混）柴油		密度	次/4h	1:00、5:00、9:00、13:00、17:00、21:00	不大于 860kg/m³	GB/T 1884
			闪点			≮55℃	GB/T 261
			馏程			≯370℃	GB/T 6536
			硫含量			≯50×10⁻⁶	SH/T 0689
			凝点				GB/T 510
			冷滤点				SH/T 0248
			润滑性	次/周	每周四白班		SH/T 0765
	原料油		密度	次/24h	白班 9:00	实测	GB/T 1884
			闪点				GB/T 261
			馏程				GB/T 6536
			硫含量				SH/T 0689
	循环氢		组分	次/周	周六白班	实测	Q/SS Z045
	汽提塔顶回流罐	汽提塔顶回流罐	pH 值	168h/次	周一白班	实测	GB/T 6920
			铁离子			实测	GB 14427
	润滑油	循环氢、新氢压缩机、进料泵润滑油	黏度	次/月		实测	GB/T 265—1988
			水分				GB/T 260
			机械杂质				GB/5 11
			闪点				GB/T 267—1988

其中 −10# 对应 ≯370℃ 的标准值为密度 ≮55℃、馏程不大于 860kg/m³。

4.4 装置采样规定

采样的目的就是要分析油品或者气体的质量以及其他杂质。通过分析可以及时掌握生产过程中各种物料的质量状况、装置运行情况并发现存在的问题，为进一步预测产品质量趋势、分析产生问题的原因、找出解决问题的措施与方法、预防质量事故的产生提供依据。

4.4.1 取样点要求

① 深度车间各取样口必须固定，并挂牌标明。

② 技改取样循环线，阀门开度为 2 扣，保证循环线流通。

③ 取样点处，阀门不得有滴漏现象，若发生阀门内漏情况，由当班班组进行更换。

④ 取样点处，不得存放取样置换油桶，取样结束后将油桶污油倒至污油桶，置换油桶放置在指定区域。

4.4.2 取样容器要求

① 装置取样瓶必须专样专用，贴好标签，不得混用；若标签损坏由班组取样人员更换标签。

② 取样气囊使用前，班组取样人员仔细检查外观有无破损，封口夹是否完好，严禁使用破损气囊及封口夹。

③ 装置检修置换取样，必须使用专用气囊（或新气囊），班组取样人员负责检查。

4.4.3 取样安全操作

① 车间油品取样，取样前，取样人员询问内操油品外送温度是否低于油品自燃点。

② 取样人员必须戴全皮防护手套。

③ 取样点为球阀时，阀门开度不得大于 1/3，为闸阀时，阀门开度不得大于 2 扣，取样结束后，立即关闭取样阀门。

④ 油品取样置换 3 次，置换操作时，拧紧取样瓶口，站在上风向，将置换油倒入污油桶，防止吸入油气。

⑤ 装置循环氢取样，需 2 人一起进行，取样人员佩戴正压式空呼器，监护人员佩戴 H_2S 报警仪，并站在上风向。

⑥ 循环氢为高压有毒介质，减压器调整完毕后，取样人员不得私自调整，取样阀门开度为 1/2。

⑦ 酸性水取样，需 2 人一起进行，取样人员佩戴正压式空呼器，监护人员佩戴 H_2S 报警仪，并站在上风向。

[知识扩展]

循环氢采样目的及项目如下：

反应需要一定的氢分压和硫化氢浓度，这样才能保证加氢和裂化反应的进行。因此需要对循环氢进行定时分析。氢分压低于 85％时要求排废氢来提高氢纯度，若硫化氢浓度低还需要进行补硫。对循环氢来说，组分包括氢气、硫化氢、甲烷、乙烷、一氧化碳和二氧化碳等，我们只需要高的氢气纯度和一定量的硫化氢（不小于 $300×10^{-6}$），其他组分要求尽可能少，尤其一氧化碳和二氧化碳（一氧化碳、二氧化碳之和小于 $30×10^{-6}$）在催化剂床层会发生甲烷化反应，浓度高时，会造成超温事故，因此循环氢主要分析：氢纯度、硫化氢含量、一氧化碳和二氧化碳含量。

4.5　加氢催化剂

加氢催化剂是由加氢组分和酸性组分组成的双功能催化剂，这种催化剂不但具有加氢活性，而且还具有裂化和异构化活性。它的加氢活性和裂化活性都取决于其组成及制备方法。活性良好的催化剂，要求催化剂的裂化组分和加、脱氢组分之间有特定的平衡。

加氢金属组分是催化剂加氢活性的主要来源，其功能主要是使不饱和烃加氢及非烃杂质如氮、硫、氧化物的还原脱除，同时还使生焦物质加氢而使弱酸中心保持清洁。这些活性组分主要是Ⅵ-B族和Ⅷ族的几种金属元素如 Fe、Co、Ni、Cr、Mo、W 的氧化物或硫化物，此外还有贵金属元素 Pt、Pd。对于加氢裂化催化剂，除了加氢活性外，尚需异构化和裂化活性，这些性能是通过加氢金属组分以及酸性载体来实现的。金属加氢组分在酸性载体上的分散度，是影响其活性及选择性的重要参数。金属比表面积的大小，与加氢活性成正比。但金属含量超过必要的平衡比例，对加氢活性的促进也就不大了。比较证明，氧化型的催化剂不如硫化型；此外证明了Ⅵ-B族和Ⅷ族金属组分的组合较单独组分活性好，各种组合的加氢活性顺序如下：Ni-W＞Ni-Mo＞Co-Mo＞Co-W。对于非贵金属加氢活性组分来说，Ⅵ-B族和Ⅷ族金属组分的组合，存在一个最佳金属原子比，以达到最好的加氢脱氮、加氢脱硫、加氢裂化和加氢异构化活性。

为改善加氢催化剂的某些性能，如选择性、稳定性、活性等，制备催化剂时常采用各种添加物——助催化剂（助剂）。大多数助剂是金属元素或金属化合物，也有的是非金属化合物如 Cl、F、P、B 等。

加氢催化剂及型号见表 4-4。

表 4-4　加氢催化剂及型号

设备编号	设备名称	催化剂名称	催化剂型号	催化剂用途
R1001	预加氢反应器	加氢保护剂	KG55/KG9/KF905/KFR22	保护主催化剂
R1002	加氢精制反应器 I	加氢精制催化剂	KF860/KF868	脱硫、脱氮、烯烃饱和、芳烃饱和
R1003	加氢精制反应器 II	加氢精制催化剂	KF860/KF868	脱硫、脱氮、烯烃饱和、芳烃饱和
R1004	加氢裂化反应器	加氢裂化催化剂	KC2610	开环和裂化

　　加氢催化剂的钨、钼、镍、钴等金属组分,使用前都是以氧化物的状态分散在载体表面,而起加氢活性作用的却是硫化态。在加氢运转过程中,虽然原料油中含有硫化物,可通过反应而转变成硫化态,但往往由于在反应条件下,原料油含硫量过低,硫化不完全而导致一部分金属还原,使催化剂活性达不到正常水平。故目前这类加氢催化剂,多采用预硫化方法,将金属氧化物在进油反应前转化为硫化态。

　　加氢催化剂的预硫化,有气相预硫化与液相预硫化两种方法:气相预硫化(亦称干法预硫化),即在循环氢气存在的条件下,注入硫化剂进行硫化;液相预硫化(亦称湿法预硫化),即在循环氢气存在的条件下,以低氮煤油或轻柴油为硫化油,携带硫化剂注入反应系统进行硫化。

　　催化剂外形有球形、圆柱形、三叶草形、碟形等多种形状。制造异形催化剂的目的主要是为了增大空隙率,降低床层压降,延长装置的运行周期。同时,异形催化剂对于加工重质原料更利于扩散的进行,加快了反应速度。

　　浩业深度加氢装置,采用雅保催化剂公司开发的具有较高活性、较高稳定性及较高选择性的高效催化剂。

　　催化剂的主要物化性质见表 4-5。

表 4-5　加氢催化剂的主要物化性质

催化剂	化学组成	公称尺寸 /mm	形状	装填密度 /(kg/m³)	侧压强度 /(lb[①]/mm)	磨损率 (质量分数)/%
KG55	硅、铝	19.2×9.5	五角环	880	900	1.0
KF542-5R	镍、钴、钼,活性铝载体	6.0×3.0	环状	595	6.0	3.0
KFR22-2Q	镍、钼,活性铝载体	2.3×2	四叶形	460	3.5	1.5
KF860-2Q	镍、钼,活性铝载体	1.8×2.1	四叶形	715	9.0	1.0
KC2610-1.5E	含镍、钨沸石,活性铝载体	1.65	柱状	775	4.0	1.5

①1lb=0.45359kg。

[知识扩展]

（1）加氢催化剂的类别有哪些？应如何选择？

加氢催化剂是一种双功能催化剂，其使用性能的好坏，在很大程度上取决于酸性组分与加氢-脱氢组分的匹配，只有加氢-脱氢组分和酸性组分结合成最佳配比，才能得到优质的加氢催化剂。不同的原料与产品，对加氢催化剂有不同的要求，改变催化剂的加氢组分和酸性载体的配比关系，便可以得到一系列适用于不同场合的加氢催化剂。一般要根据原料性质、生产目的等实际情况来选择催化剂。目前，加氢催化剂大致分为两类。第一类是无定型催化剂，以无定型硅铝为催化剂的载体或载体组分，它是加氢裂化装置最早的催化剂，其特点是对中间馏分油选择性好，主要用于生产柴油，但灵活性较差，活性较低，要求较高的操作压力和反应温度。在一定压力范围内，中间馏分油的选择性（产率）随压力的提高而增加。第二类是结晶型沸石催化剂，以Y型分子筛为催化剂的载体或载体组分，其特点是酸性中心比无定型催化剂多，因而显示出活性高、加氢裂化的反应温度比较低（一般在380℃左右）、稳定性好、寿命长（平均一次寿命即两次再生的间距时间在两年以上）、抗氮能力强（可以采用加氢精制和加氢裂化串联的工艺流程）、活性衰退慢、生产周期长的特点，并能转化高沸点进料。工业上使用的加氢催化剂按化学组成大体可分为以下几种：①以无定型硅酸铝和硅酸镁为载体，以非贵金属（Ni、W、Co、Mo）为加氢组分的催化剂；②以硅酸铝和贵金属（Pd、Pt）组成的催化剂；③以分子筛和硅酸铝为载体，分别含有上述两类金属的催化剂。

（2）催化剂的使用性能如何评价？

对催化剂的评价，除要求一定的物理性能外，还需有一些与生产情况直接关联的指标，如活性、选择性等。

① 活性。一种催化剂的催化效能采用催化活性来衡量。催化活性是催化剂对反应速率影响的程度，是判断催化剂效能高低的标准。

对于固体催化剂的催化活性，多采用以下几种表示方法：

a. 催化剂的比活性，常用表面比活性或体积比活性表示。

b. 反应速率表示法。反应速率表示法即用单位时间内反应物或产物物质的量的变化来表示。

c. 工业上常用转化率来表示催化剂活性。即在一定反应条件下，已转化掉反应物的量（n_A）占进料量（n_{AO}）的百分数。

d. 用每小时每升催化剂所得到的产物质量的数值，即空速时的量 Y_{V+T} 来表示活性。

活性的大小取决于催化剂的化学组成、晶胞结构、制备方法、物理性质等。活性是评价催化剂促进化学反应能力的重要指标。工业上有好几种测定和表示方法，它们都是有条件的。活性是催化剂最主要的使用指标，在一定体积的反应器中，催化剂装入量一定，活性越高，则处理原料油的量越大，若处理量相同，则所需的反应器体积可缩小。

② 选择性。在催化反应过程中，希望催化剂能有效地促进理想反应，抑制非理想反应，最大限度增加目的产品，所谓选择性是表示催化剂能增加目的产品（轻质油品）和改善产品质量的能力。活性高的催化剂，其选择性不一定好，所以不能单以活性高低来评价催化剂的使用性能。

催化剂活性是催化剂的催化能力，在石油工业中常用一定反应条件下原料转化率来反映，催化剂的选择性是催化剂对主反应的催化能力。高选择性的催化剂能加快生成目的产品的反应速率，而抑制其他副反应的发生，所以催化剂的活性好，但选择性差就会使副反应增加，增加原料成本和产物与副产物分离的费用，也不可取。所以活性和选择性都好的催化剂对工艺最有利，但两者不能同时满足，应根据生产过程的要求加以评选。

③ 稳定性。催化剂在使用过程中保持其活性的能力称为稳定性。在生产过程中，催化剂的活性和选择性都在不断地变化，这种变化分以下两种。一种是活性逐渐下降而选择性无明显的变化，这主要是由于高温和水蒸气的作用，使催化剂的微孔直径扩大，比表面积减小而引起活性下降。对于这种情况，提出热稳定性和蒸气稳定性两种指标。另一种是活性下降的同时，选择性变差，这主要是重金属及含硫、含氮化合物等使催化剂发生中毒之故。

需要催化剂具备的稳定性有：

a. 化学稳定性——保持稳定的化学组成和化合状态。

b. 热稳定性——能在反应条件下，不因受热而破坏其物理-化学状态，同时，在一定的温度变化范围内能保持良好的稳定性。

c. 机械稳定性——具有足够的机械强度，保证反应器处于适宜的流体力学条件。

d. 对于毒物有足够的抵抗力。

④ 机械强度。催化剂的强度用压碎强度和耐磨强度来表示。这一般指的是催化剂的机械强度。许多工业催化剂是以较稳定的氧化态形式出厂，在使用之前要进行还原处理。一般情况下，氧化态的催化剂强度较好，而经过还原之后或在高温、高压和高气流冲刷下长期使用，内部结构发生变化而破坏催化剂的强度。因此评价催化剂的强度的好坏，不能只看催化剂的初始机械强度，更重要的是考察催化剂在还原之后，在使用过程中的热态破碎强度和耐磨强度是否能够满足需要。催化剂在使用状态下具有较高的强度才能保证催化剂具有较长的使用寿命。

（3）催化剂的失活与再生有何特点？

① 催化剂的中毒。催化剂的中毒，指具有高度活性的催化剂经过短时间工作后就丧失了催化剂能力，失掉活性的现象，可分为可逆中毒、不可逆中毒和选择性中毒。

可逆中毒是毒物在活性中心上吸附或化合时，生成的键强度相对较弱，可以采取适当的方法去除，使催化剂活性恢复，而不影响催化剂的性质。如注氨钝化，氨使裂化催化剂暂时中毒，活性受到抑制，随着氨的脱附，催化剂的活性恢复。

不可逆中毒是毒物与催化剂活性组分相互形成很强的化学键，难以用一般方法将毒物去除，使催化剂活性降低。如碱性氮使裂化催化剂中毒就属于这一种。

选择性中毒是一种催化剂中毒之后可能失去对某一反应的催化能力，但对别的反应仍具有催化活性。选择中毒有可以利用的一面，如在串联反应中，如果毒物仅使催化后继反应的活性中心中毒，可以使反应停留在中间产物上，获得所希望的高产率中间产物。

② 催化剂的失活。导致催化剂失活的因素有：催化剂表面生焦积炭；催化剂上金属和灰分沉积；金属聚集及晶体大小和形态的变化。

失活过程通常分三个阶段：a.初期失活。这一阶段为期约数天。在这一阶段炭沉积剧烈，活性快速下降，最后达到结焦的动态平衡，活性稳定。初期失活需提高温度来补偿活性损失。b.中期失活。这一阶段催化剂失活是金属硫化物沉积引起的。由于重金属与炭沉积稳定，活性下降缓慢。c.末期失活。运转末期操作温度高，加剧炭沉积和金属沉积，催化剂迅速失活。

③ 催化剂的再生。由于催化剂的活性逐步降低，以致不能再符合生产的要求。为充分利用催化剂，必须对失活的催化剂实施再生，使其基本恢复活性，再继续使用。催化剂的生焦（或结炭），是指一种氢含量少、碳氢比很高的固体缩合覆盖在催化剂的表面上，可以通过含氧气体对其进行氧化燃烧，生成二氧化碳和水；由于绝大多数的加氢催化剂，都是在硫化态下使用的，因此失活催化剂再生烧焦的同时，金属硫化物也发生燃烧，生成二氧化硫和金属氧化物。烧焦和烧硫都是放热反应。

工业上使用的催化剂再生方法有两种，一种为器内再生，即催化剂不卸出，直接采用含氧气体介质再生；另一种是器外再生，它是将催化剂从反应器中卸出，运送到专门的再生工厂进行再生。但是加氢催化剂再生后，因为金属聚集，活性中心数减少，沸石结晶度下降，造成酸度降低；另外再生过程中沸石结构改变，经二次硫化后活性只能恢复约 80%。

（4）催化剂注氨钝化的目的何在，对催化剂有何影响？

含分子筛的加氢催化剂硫化后，具有很高的活性，所以在进原料油之前，须采取相应的措施对催化剂进行钝化，以抑制其过高的初活性，防止和避免进油过程中可能出现的温度飞升现象，确保催化剂、设备及人身安全。注氨可使加氢催化剂钝化。氨分子可以被吸附在催化剂的微孔中，并在一段时间内占据其中，使得油品暂时无法与部分催化剂接触而起反应。

[知识探究]

（1）加氢裂化催化剂在组成上有何特点？

加氢裂化催化剂是双功能催化剂，是具有加氢活性和裂解活性的双功能催化剂，加氢活性由活性组分提供，裂解活性则由载体提供。加氢活性组分主要包括Ⅵ-B族和Ⅷ族的几种金属如 Mo、W、Ni、Co、Fe、Cr 等的硫化物，或贵金属 Pt、Pd 元素等。裂解功能一般由无定型硅铝、分子筛等酸性载体提供。具有大面积的无定型或结晶型硅铝称为载体。通常，人们以无定型硅铝载体或结晶型硅铝载体作为划分加氢裂化催化剂类别的基础。

（2）加氢裂化催化剂的作用是什么？

加氢裂化是在氢压下把低质量大分子的原料油转化为洁净的小分子产品。大分子的原料油较之小分子的产品有较高的能位，为了使转化反应过程顺利进行，必须克服能障，即所谓的活化能（E_a）。催化剂的作用是减少或降低能障，加快反应速率。但催化剂不能改变反应和原料油与产品之间的平衡。

第 5 章

主要设备操作

5.1 深度加氢设备汇总

5.1.1 动设备

动设备汇总见表 5-1。

表 5-1 动设备汇总

序号	大类	数量	位号名称
1	往复式压缩机	4	C1002A/B 新氢压缩机、C1001A/B 循环氢压缩机
2	多级离心泵	2	P1001A/B 加氢进料泵
3	高速离心泵	4	P1002A/B 循环氢脱硫塔贫溶剂泵、P1003A/B 注水泵
4	高速流程泵	11	P1004A/B/C 汽提塔顶回流泵、P1011A/B/C 稳定塔顶回流泵、P1012A/B/C 石脑油泵、P1016A/B 冲洗油泵
5	高温流程泵	8	P1009A/B/C 柴油泵、P1010A/B 循环油泵、P1013A/B/C 中段柴油抽出泵
6	普通流程泵	15	P1007A/B/C 分馏塔顶回流泵、P1008A/B/C 航煤泵、P1017 放空油泵、P1018A/B 低温热水加压泵、P1019 地下污油泵、P1020 地下溶剂泵、P1021A/B 原料油过滤器污油泵、P1022A/B 焦化蜡油过滤器污油泵
7	计量泵(柱塞式)	8	P1006A/B 液化气脱硫塔贫溶剂泵、P1015A/B 注硫化剂泵、CIS1001A/B 注缓蚀剂泵、CIS1002A/B 注阻垢剂泵
8	空冷器(风机)	15	A1001A/B/C/D 高分气空冷器、A1002A/B 汽提塔顶空冷器、A1003A/B 分馏塔顶空冷器、A1004 航煤空冷器、A1005A/B 柴油空冷器、A1006 尾油空冷器、A1007 石脑油空冷器、A1008A/B 低温热水空冷器
9	过滤器	4	FI1001A/B 焦化蜡油过滤器、FI1002 原料油过滤器
10	离心风机	2	加热炉鼓、引风机

5.1.2　静设备

静设备汇总见表 5-2。

表 5-2　静设备汇总

序号	大类	数量	位号名称
1	塔器	7	T1001 循环氢脱硫塔、T1002 汽提塔、T1003 分馏塔、T1004/T1005 航煤/柴油侧线汽提塔、T1006 液化气脱硫塔、T1007 稳定塔
2	反应器	4	R1001 预处理反应器、R1002 加氢精制反应器 I、R1003 加氢精制反应器 II、R1004 裂化反应器
3	换热器(低压)		
4	换热器(高压)	5	E1001A/B 反应流出物/混合进料换热器、E1002 热高分气/冷低分油换热器、E1003 热高分气/循环氢换热器、E1004 反应流出物/分馏塔进料换热器
5	容器(低压)		
6	容器(高压)	4	V1003 热高压分离器、V1004 冷高压分离器、V1007 循环氢脱硫塔入口分液罐、V1008 循环氢压缩机入口分液罐
7	加热炉	1	F1001/F1002 加热炉
8	起重设备	1	压缩机房手动双梁起重机(25t)
9	石化小设备		采样器、阻火器、消音器、抽空器

5.1.3　设备使用的管理程序

设备使用的管理程序见图 5-1。

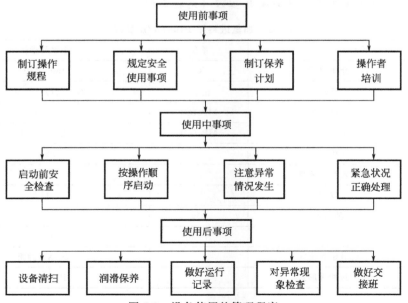

图 5-1　设备使用的管理程序

5.2 主要动设备操作

5.2.1 反应进料泵 P1001A/B

5.2.1.1 概述

加氢进料泵 P1001A/B 是加氢裂化装置的高压多级离心泵，用于将原料升压至 21MPa 后送入高压反应系统。该泵设有 2 台润滑油辅助油泵，互为备用，没有轴头泵。为了防止 2 台润滑油辅助油泵同时出现问题，设有高位油罐，以维持泵惰走时间所需要的润滑。该泵设有最小流量控制阀。电动机采用空-水冷却方式，设有漏水开关报警装置。

5.2.1.2 泵的结构特征

P1001A/B 为卧式双壳体多级筒型泵。内壳体径向剖分。筒体为中心线支撑，泵入口及出口均垂直向上，叶轮逐级单独固定，卡环轴向定位。推力轴承主要承受多余的或变工况下产生的轴向力。材料等级为 S-6。

加氢进料泵由高压隔爆型变频调速三相异步电动机驱动，A/B 泵双变频。泵组选用嘉利特荏原泵业有限公司设计、制造的 80×50（A）TDF10GM 型泵，效率为 41％，其中电动机为佳木斯电机股份有限公司生产的 YBBP500-2W 型电动机，电动机功率为 560kW。

泵主要由三大基本部件组成：外筒体和泵盖部件、内筒体部件和轴承部件。

5.2.1.3 加氢进料泵 P1001A/B 参数（见表 5-3）

表 5-3 加氢进料泵 P1001A/B 参数

	项目	单位	参数及指标
一般参数	介质温度	℃	150～180
	流量	m³/h	27.1（额定 32.52）
	入口压力	MPa(G)	0.2～0.5
	出口压力	MPa(G)	正常 21.74
	扬程	m	2331
	有效汽蚀余量	m	20
	效率	%	41
	轴功率	kW	499.7
	转速	r/min	5300
	机械密封形式		BSTXX 弹簧
	密封冲洗形式		PLAN-21

续表

项目		单位	参数及指标
增速齿轮箱	增减方式		增速
	速比		1.779
	额定输入转数	r/min	2980
	额定输出转数	r/min	5300
	润滑油牌号		VG 46
	润滑油过滤精度	μm	20
	润滑油压力	MPa	0.1～0.2
	润滑油量	L/min	50
	质量	kg	650
驱动电动机参数	电动机型号		YBBP500-2W
	驱动端轴承		NU222＋6222/P63
	非驱动端轴承		NU222
	润滑方式		自润滑
	润滑油型号		2♯锂基脂
	功率	kW	560
	防爆等级		Expz Ⅱ T3
	防护等级		IP55
	电压	kV	10
润滑油站	高位油箱容积	L	500
	高位油箱质量	kg	850
	润滑油型号		XYZ-250
	机组额定流量	L/min	166
	油站出口压力	MPa	0.2
	供油温度	℃	15～45
	回油温度	℃	60
	过滤器前后压差	MPa	≤0.05
	冷却水消耗量	m³/h	21
	冷却水进水温度	℃	32
	冷却水进水压力	MPa	0.4
油站油泵（两台）	螺杆油泵型号		SNH/ND280R43U8E50
	流量	L/min	226
	压力	MPa	1
	油泵电动机型号		YB3-132M-4

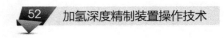

续表

项目		单位	参数及指标
加热器 (一台)	电加热器型号		EXHSP-L/T-7/380
	功率	kW	7
	电压	V	380

5.2.1.4　润滑油系统的建立

(P)—检查确认各轴承的压力润滑油系统管线冲洗完毕。

(P)—检查确认油箱干净，加入合格的46♯透平油，油位在最高液位。

(P)—检查油箱及润滑油管线上的压力表、温度表及联锁引线投用情况。

(P)—检查确认润滑油流程：检查压力调节阀、温控阀及控制阀的安装及流向是否正确。

[P]—按启动按钮启动润滑油主油泵。

(P)—检查确认油泵出口压力、润滑油总管压力、润滑油温度、油泵运转声音无异常。

[P]—打开润滑油管线上的放空阀，打开过滤器和换热器上所有的放空阀。润滑油系统排气使管线中充满润滑油，然后关闭放空阀。

(M)—润滑油系统继续运行1h后检查无问题。

(M)—润滑油系统建立完毕。

(M)—检查确认进各轴承压力。

5.2.1.5　泵的开启

[P]—检查泵体地脚螺栓是否好用并紧固良好，进出口管线法兰连接是否良好。

[P]—检查泵出口管线、入口管线法兰连接是否良好，入口过滤网安装是否良好。

[P]—检查泵的最小流量线、平衡管线、暖泵线、排污油线、密封冲洗线、冷却水线、放空线连接是否良好。

[P]—检查确认机泵用温度计、压力表、热电偶、流量孔板等仪表调校合格后安装就位，并已经投用。

(P)—确认电动机绝缘和静电接地良好，并根据情况投用电动机电加热器、电动机循环冷却水。

(P)—投用各冷却水系统并检查各系统有无泄漏。

[P]—投用泵冲洗系统。

(P)—检查确认各伴热线已投用（冬季），油箱加热器已投用，油温在35℃左右。

(M)—确认仪表联锁自保系统均已调试准确无误，并经有关责任人签字确认。

[P]—检查确认电动机完好，可以投用。

[P]—按电动机运转方向盘车无卡涩偏重现象。

[P]—检查确认入口罐液位及压力正常。

[P]—稍开泵入口阀及泵体底部放空阀待放出的介质无杂质和只有少量气泡时关底部放空阀，开高点放空阀对泵进行灌泵，一直等到排气口没有气泡时再关闭排气口。打开密封冲洗管线上的放气丝堵排净该管线内的气体。如有必要可连续排放 3～4 次。

（M）—确认工艺系统满足开泵条件，并检查确认下列阀门的开度：

① 最小流量线控制阀室内给定打开。

② 开最小流量控制阀的上、下游阀及副线阀，关闭控制阀前的放空阀。

③ 泵入口阀全开，流程已打通。

④ 原料油缓冲罐 V1002 已投用，液位控制在 60% 左右。

⑤ 预热线上的双隔断阀关闭。

⑥ 泵出口阀及泵各排凝放空阀关闭。

（M）—检查确认润滑油系统运转正常，润滑油总管压力正常，备用泵完好，在联锁"自动"状态，去各轴瓦油压调整正常。

[I]—将泵出口低流量联锁打至"旁路"状态。

[P]—按现场控制盘按钮，启动电动机运转。迅速检查泵出口压力、流量、电流、回油情况及温度、密封泄漏情况，室内注意检查轴承温度、轴承振动等参数。

[P]—检查正常后，打开出口电动阀，缓慢打开出口阀门，同时逐渐关闭最小流量线的控制阀，同时应注意出口压力、电流、流量等参数的变化。

（M）—检查机泵运转情况以下参数是否正常：

① 润滑油总管压力＞0.12MPa。

② 电动机前轴承回油温度＜90℃。

③ 电动机后轴承回油温度＜90℃。

④ 泵的前后轴承回油温度＜85℃。

⑤ 泵的止推轴承回油温度＜85℃。

⑥ 泵的出口压力为 21MPa。

5.2.1.6　停泵

（1）停运机泵

[M]—通知调度并得到停泵命令。

[I]—将泵出口低流量联锁打至"旁路"状态。

[I]—调节进料量，打开最小流量调节阀。

[P]—关出口阀。打开最小流量线直至关闭出口阀。

[P]—按电动机停运按钮。

（P）—确认出口单向阀严密。

[P]—关闭出口阀。

[P]—关闭入口阀。

（P）—确认泵体温度至室温。

[P]—打开泵体排空阀，放尽存油。

(P)—确认泵出口阀严密。

[P]—泵体盘车 2～3 圈，检查设备是否转动灵活。

（2）停辅油系统

(P)—确认轴承温度正常。

[P]—停润滑油泵。

[P]—停冷却水。

[I]—通知电工停电。

（3）状态确认

(M)—确认 P1001A/B 出口流量指示为零。

(M)—确认电流指示为零。

(M)—确认泵体存油排净。

(M)—确认 P1001A/B 具备检修条件。

5.2.1.7　泵的切换

[M]—检查备用泵的润滑油系统是否运转正常。

[M]—检查备用泵的备用状态是否正常，各辅助系统投用。

[P]—对备用泵进行灌泵、排气。

[P]—对备用泵进行盘车，应无偏重、卡涩现象。

[P]—关闭预热双阀。打开最小流量阀门，关闭出口阀门。

[I]—将备用泵和运转泵出口低流量联锁打至"旁路"状态。

[M]—启动备用泵，检查运转情况。

[I]—运转正常后，全开出口电动阀，逐渐开出口阀门至全开，同时关闭最小流量阀门至全关，投"自动"状态。

[I]—在备用泵并入系统的同时，打开运转泵最小流量阀门，逐渐关闭出口电动阀及阀门。

[P]—将运转泵出口阀门全关后，按下停泵按钮。

(M)—维持润滑油系统运转至轴瓦温度小于 40℃停止运转。

[P]—如需检修，将泵入口阀门全关，打开泵体底部放空阀进行放空。

(M)—联系机修检修时，应确认润滑油泵已停运，主电动机断电，泵体内已排净介质，泵体已隔离。

[P]—如需备用，维持润滑油系统运转，打开泵出口预热双阀进行预热，将预热第一道阀门全开，用第二道阀门节流。

[M]—如检修完毕，按正常开泵前的检查步骤进行检查，联系电工送电，开启润滑油系统，全开入口阀门，打开预热阀门进行预热灌泵，投用循环水、自冲洗系统，达到备用条件。

[M]—如进行大的检修时，则需要试泵对检修后的状态进行考验，可以在关闭出口阀的情况下，走最小流量线进行试泵，时间不要太长，注意观察入口温度，以不大于130℃为好。

5.2.1.8　日常维护及异常处理

（1）日常检查

① 泵及辅助系统

a. 检查泵有无异常振动。

b. 检查轴承温度是否正常。

c. 检查润滑油液面是否正常。

d. 检查润滑油的温度、压力是否正常。

e. 检查润滑油回油是否正常。

f. 检查润滑油油质是否合格。

g. 检查泄漏是否符合要求。

h. 检查密封液是否正常。

i. 检查冷却水是否正常。

② 动力设备　检查电动机的运行是否正常。

③ 工艺系统

a. 检查泵入口压力是否正常稳定。

b. 检查泵出口压力是否正常稳定。

④ 其他

a. 备用泵按规定盘车。

b. 冬季注意防冻凝检查。

c. 搞好设备及地面卫生。

（2）维护保养

① 正常维护保养

a. 严格执行设备管理"十字作业"（紧固、清洁、润滑、防腐、调整）。

b. 严格执行润滑"五定"（定点、定质、定量、定期、定人）。

c. 严格执行"三级过滤"（油桶至油箱经一级过滤、油箱至油壶经二级过滤、油壶至设备经三级过滤）制度。

d. 每周打开油箱底部脱水阀进行脱水，确保润滑油中不带水。

e. 每个月检查一次润滑油质量，每运行8000h更换润滑油。

② 停机维护保养

a. 机组停机期间每天对主机、辅机盘车一次，每次180°。

b. 每周开启润滑油泵1h，对各部进行润滑。

③ 冬季防冻措施

a. 打开泵底部高压放空阀，将内部介质完全放尽。

b. 打开泵进出口管线连通。

c. 打开备用冷却器循环水进出口阀，使冷却器内部有水流过。

（3）常见问题及处理

① 泵出口无流量或流量小的原因及处理方法：

原因：

a. 泵反转。

b. 泵启动未灌液。

c. 吸入管泵体未充满液体。

d. 吸入管窜入气体或蒸汽。

e. 小流量线流量过大。

f. 压头过高。

g. 泵运转未达到额定转速。

h. 流量仪表故障或未启用。

i. 入口管阻塞（含入口过滤器阻塞）。

j. 叶轮上有异物堵塞。

k. 叶轮损坏或破裂。

处理方法：

a. 检查电动机转向。

b. 泵体充分预热，检查出口阀并进行灌泵。

c. 关闭出口阀，打开放空阀排净气体。

d. 关闭蒸汽及吹扫的阀门。

e. 确认小流量是否正常。

f. 检查出口管线路是否畅通。

g. 联系电工做好处理，检查电压。

h. 联系仪表检查或修理。

i. 停泵清扫。

j. 冲洗泵，检查吸入端。

k. 检查、更换新叶轮。

② 启动后流量突然中断的原因及处理方法：

原因：在油量非常低下运行。

处理方法：

a. 校正泵最低流量是否正确。

b. 用出口阀调整泵排出压力。

③ 泵轴承温度升高的原因及处理方法：

原因：

a. 油冷却器结垢或阻塞。

b. 润滑油不足或过多。

c. 轴承箱进水，润滑油乳化、变质，有杂物。

d. 轴承损坏或轴承间隙大小不够标准。

e. 不同心。

f. 泵负荷过大。

g. 联合油站系统故障。

处理方法（与原因一一对应）：

a. 切换清洗油冷却器。

b. 加注润滑油或调整润滑油液位至 $1/2 \sim 2/3$。

c. 更换轴承腔内的润滑油。

d. 联系机修维修。

e. 联系机修维修。

f. 根据工艺指标适当降低负荷。

g. 检查处理。

④ 泵振动超限的原因及处理办法：

原因：

a. 与电动机不同心。

b. 轴承磨损或松动。

c. 曲轴不平衡。

d. 入口堵，泵抽空。

e. 不牢固。

处理方法（与原因一一对应）：

a. 检查电动机是否同心。

b. 更换。

c. 检查叶轮或更换。

d. 调直或更换轴清扫过滤网。

e. 重新打基础或加固。

⑤ 泵轴功率过高的原因及处理办法：

原因：

a. 介质密度大或入口压力大。

b. 机械故障（两轴不同心、轴弯曲、旋转体有阻力、耐磨环磨损）。

c. 温度低或黏度大。

d. 流量过大。

e. 转速超过规定转速。

f. 系统要求的扬程低于泵产生的扬程。

g. 泵壳密封环严重磨损。

h. 转动部分与静止部分碰擦，泵运行不平衡。

处理方法（与原因——对应）：

a. 检查流量是否过大，适当降量。

b. 联系检修，停泵更换配件。

c. 按规定提高液体温度。

d. 调整流量。

e. 检查驱动电动机及增速箱。

f. 由出口阀调整排出压力。

g. 停泵更换，检查原因。

h. 检查输送平衡装置，必要时更换平衡装置，必要时停泵。

⑥ 平衡管回液压力和流量突然增加或减少的原因及处理办法：

原因：

a. 泵和入口管线没有注满液体。

b. 入口过滤网阻塞。

c. 叶轮上有异物堵塞。

d. 转动部分与静止部分碰擦，泵运行不平衡。

e. 泵壳密封环严重磨损。

f. 壳体密封不合理。

g. 轴承推力过大，平衡装置本身故障。

处理方法（与原因——对应）：

a. 确认缓冲罐液位是否正常，入口阀是否全开。

b. 清洗过滤网。

c. 清洗过滤网。

d. 泵平衡装置，必要时停泵。

e. 更换，检查原因更换新部件。

f. 壳体重新密封。

g. 减小轴承推力，平衡装置稳定。

⑦ 轴承磨损的原因及处理办法：

原因：

a. 泵与电动机不同心。

b. 轴弯曲。

c. 振动。

d. 泵内故障引起推力过大。

e. 润滑油不足。

f. 轴承安装不当。

g. 轴承有污垢。

h. 润滑油变质。

i. 油温过低。

处理方法（与原因——对应）：

a. 重新校正。

b. 调直并做动平衡。

c. 按振动故障处理。

d. 联系机修检查处理。

e. 开大进油阀。

f. 检查重装。

g. 检查清洗。

h. 更换新油。

i. 调整冷却后温度正常。

⑧ 停电处理办法：

a. 若瞬时停电，备用油泵及时启动，未造成进料泵停机，则对机组进行全面检查。

b. 若瞬时停电，备用油泵及时启动，进料泵停机，则按正常步骤开启机组。

c. 若瞬时停电，备用油泵未及时启动，造成进料泵停机，则关闭泵出口阀，按正常步骤开启机组。

d. 若长时间停电，则关闭泵出口阀，来电后按正常步骤开启机组。

⑨ 发生下列事故应立即停机组：

a. 密封泄漏严重。

b. 设备内有异常响声。

c. 设备表面温度超过正常值。

d. 润滑油总管压力≤0.05MPa，机组未联锁停机。

e. 电动机电流超高。

f. 工艺要求紧急停机。

5.2.2 高速离心泵（P1002A/B、P1003A/B）

5.2.2.1 概述

① 循环氢脱硫塔贫溶剂泵 P1002A/B 共两台，一开一备。为北京航天石化技术装备工程公司设计、制造的高速离心泵，型号为 GSB-W5-12/1863，转速为 16630r/min，通过齿轮箱与电动机连接。泵组由三相异步电动机驱动，电动机功率为 315kW，转速为

2981r/min，防爆等级：dIICT4 。

P1002A/B 的作用是将循环氢脱硫贫溶剂升压后，注入 T1001 循环氢脱硫塔内，脱出循环氢中硫化氢。

② 注水泵 P1003A/B 共两台，一开一备。为北京航天石化技术装备工程公司设计、制造的高速离心泵，型号为 GSB-W5-12/1876，转速为 16630r/min，通过齿轮箱与电动机连接，泵组由三相异步电动机驱动，A 泵为变频电动机。电动机功率为 315kW，转速为 3000r/min，防爆等级：dIICT4 。

P1003A/B 的作用是将除盐水升压后，送至反应系统中高压空冷前进行冲洗，防止反应产物在空冷处低温结晶堵塞管道。

5.2.2.2　设备参数

设备参数见表 5-4、表 5-5。

表 5-4　P1002A/B 循环氢脱硫塔贫溶剂泵参数

项目	单位	参数及指标
泵型号		GSB-W5-12/1863
介质		30%MDEA,69.0%水
介质温度	℃	53
进出口压力	MPa	0.2/18.3
扬程	m	1863
流量	m³/h	12
泵转速	r/min	16630
机械密封形式		BDPXX 双端面平衡型
密封冲洗方案		PLAN53B
进回水压力	MPa	0.4/0.2
进回水温度	℃	32/40
驱动电动机型号		YB2-4005-2W
功率	kW	315

表 5-5　P1003A/B 注水泵参数

项目	单位	参数及指标
泵型号		GSB-W5-12/1876
介质		除盐水
介质温度	℃	25~40
进出口压力	MPa	0.2/18.3
扬程	m	1876
流量	m³/h	10~15
泵转速	r/min	16630
机械密封形式		BDPXX 双端面平衡型

续表

项目	单位	参数及指标
密封冲洗方案		PLAN53B
进回水压力	MPa	0.4/0.2
进回水温度	℃	32/40
驱动电动机型号		YB2-4005-2W
功率	kW	315

5.2.2.3　启动前准备

（1）检查

① 泵和运行现场，应清理干净。

② 泵进出口管线，应清扫干净，拆除盲板，无泄漏等。

③ 所有连接螺栓，应拧紧牢固。

④ 电动机动力线和接地连接正确牢固。

⑤ 电动机旋转方向正确（从电动机尾端看顺时针）。

⑥ 各仪表设置值和电路接线，应正确，确保不会发生误操作。

⑦ 冷却水管路连接正确，无泄漏，供水满足要求：

a. 冷却水两端压差为 0.25～0.35MPa。

b. 冷却水入口压力<0.8MPa。

c. 冷却水进口温度≈20℃，回水温度≈32℃。

d. 冷却水流量≈2500～5000kg/h。

⑧ 联轴器护罩安装牢固。

⑨ 总体所有管路流程正确，阀门好用。

（2）增速箱加注润滑油　采用三级过滤，初次约18L，边盘车边加注，加注到指定位置。

（3）辅助油泵试验及油位调节　启动辅助油泵，运转 2～3min，检查低油位，同时调节油位调节套至高度，使低油位稳定在指示器中线位置，如调节套已调节至极限位置仍不能达到要求，可适当加润滑油，但每次不超 0.5L，防止雾化。辅助油泵正常工作压力：0.25～0.45MPa。

5.2.2.4　开泵

[P]—检查泵体地脚螺栓是否好用并紧固良好，进出口管线法兰连接是否良好。

[P]—检查泵出口管线，确认入口管线法兰连接良好，入口过滤网安装良好。

[P]—检查泵的最小流量线、暖泵线、密封冲洗线、放空线连接是否良好。

[P]—检查确认机泵用温度计、压力表、热电偶、流量孔板等仪表调校合格后安装就位，并已经投用。

(P)—确认电动机绝缘和静电接地良好。

[P]—投用润滑油冷却器循环水系统并检查各系统有无泄漏，应保持畅通。

［P］—投用冷却水系统。

（P）—确认各伴热线已投用（冬季）。

［M］—仪表联锁自保系统均已调试准确无误，并经有关责任人签字确认。

［I］—将泵出口低流量联锁打至"旁路"状态。

［P］—按电动机运转方向盘车无卡涩偏重现象。

［I］—检查确认入口罐液位及压力正常。

［P］—打开泵入口阀及泵体底部放空阀待放出的介质无杂质和只有少量气泡时关底部放空阀，开高点放空阀对泵进行灌泵，一直等到排气口没有气泡时再关闭排气口。

（M）—确认工艺系统满足开泵条件，并检查确认下列阀门的开度：

① 最小流量线角阀现场手动打开。

② 确认泵出口阀及泵各排凝放空阀关闭。

③ 注水缓冲罐已投用，液位控制在 60％左右。

④ 预热线上的双隔断阀关闭。

⑤ 泵出口阀稍开。

［P］—启动辅助油泵 2～3min，待低油位指示器中油位稳定及辅助油泵出口压力已达到正常油压。

［M］—按下主电动机按钮，启动电动机运转。

［P］—迅速检查泵出口压力、电流、润滑情况及温度、密封泄漏情况。

［I］—室内注意检查轴承温度及泵出口流量参数。

［P］—正常后，逐渐打开出口阀门，并逐渐关闭最小流量线的角阀，同时应注意出口压力、电流、流量等参数的变化。

［M］—检查机泵运转情况确认以下参数是否正常：

① 润滑油的润滑情况，压力为 0.25～0.45MPa。

② 泵的出口压力：18MPa。

③ 泵的入口压力＞0.40MPa。

④ 电动机轴承温度＜80℃。

⑤ 泵轴径轴承温度＜80℃。

5.2.2.5　运转监控

① 泵正常运转后，必须随时监控以下内容，并及时记录工作参数。

a. 油压、油温、油位。

b. 泵的流量、压力。

c. 电动机电流、电压、轴承温度。

d. 机械密封泄漏情况。

e. 各部位温升。

f. 冷却水流量、压力及温度。

g. 机组振动及噪声。

② 润滑油系统中的正常工作压力范围如下：

a. 泵出口（过滤器前）0.3～0.8MPa。

b. 轴承前 0.08～0.35MPa。

c. 泵出口油压过高或过程中不断升高，可能为过滤器堵塞严重或油液乳化。

d. 泵出口或轴承前油压过低，可能为油泵磨损或轴承间隙已过大，均应检查原因，排除故障。

③ 机械密封允许存在少量轻微泄漏，但不超过 3mL/h。

④ 定时检查油位，如油位低于指示器中线，应及时补充润滑油至低油位指示中线位置。

⑤ 检查并随时调整冷却水流量，保证润滑油温度在允许范围内。

⑥ 经常检查地脚螺栓及连接螺栓松动情况，及时紧固（停机状态下进行）。

⑦ 注意电动机轴承温升，及时记录控制。

⑧ 泵初运转 48h 后，应更换润滑油一次，以后每工作 4000h 或 6 个月应更换润滑油及过滤器。

⑨ 泵在小于 30％额定流量下连续工作时，会导致泵不稳定工作及介质发热，可设置旁通管路使泵流量增大至额定值的 60％左右。

⑩ 在运转过程中，如发现电动机电流突然升高，泵压力骤变，同时伴有较大振动和噪声，应立即紧急停车（开启备泵）！

5.2.2.6 停泵

[I]—将泵出口低流量联锁打至"旁路"状态。

[P]—缓慢打开运转泵的最小流量线角阀，现场缓慢开最小流量阀及副线，同时缓慢关闭出口阀。

(P)—最小流量阀门打开，出口阀关闭后。

[M]—场控制盘上按下停泵按钮，使泵停止运转。

[P]—如需要交机修处理，将入口阀门关闭，最小流量阀关闭。

[P]—将泵内介质进行放空。

[I]—联系电工断电。

[M]—冬季做好防冻凝工作。

5.2.2.7 泵的切换

[P]—检查备用泵的润滑油位是否运转正常，手摇进行预润滑。

[P]—检查备用泵的备用状态是否正常，各辅助系统投用。

[P]—对备用泵进行灌泵、排气。

[P]—对备用泵进行盘车，应无偏重、卡涩现象。

[P]—关闭预热双阀。打开小流量阀门，关闭出口阀门。

[I]—将备用泵和运转泵出口低流量联锁打至"旁路"状态。

[M]—启动备用泵，检查运转情况。

[P]—运转正常后，逐渐打开出口阀门至全开，同时关闭最小流量阀门至全关。

[P]—备用泵并入系统的同时，打开运转泵最小流量阀门，逐渐关闭出口阀门。

[M]—待运转泵出口阀门全关后，按下停泵按钮。

[P]—如需检修，将泵入口阀门全关，打开泵体底部放空阀进行放空。

[I]—联系机修检修时，应确认主电动机断电，泵体内已排净介质，泵体已隔离。

[P]—如需备用，打开泵出口预热双阀进行预热，将预热第一道阀门全开，用第二道阀门节流。

[M]—如检修完毕，按正常开泵前的检查进行，联系电工送电，轴承箱内加入合格润滑油，全开入口阀门，投用循环水、自冲洗系统，达到备用条件。

[P]—进行大的检修时，则需要试泵对检修后的状态进行考验，可以在关闭出口阀的情况下，走小流量线进行试泵，时间不要太长，注意观察入口温度，以不大于 50℃ 为好。

5.2.2.8 高速泵日常维护及处理办法（见表 5-6）

表 5-6　高速泵日常维护及处理办法

故障	原因	解决方法
流量不足、压力不稳	①转速过低	检查电源电压
	②泵吸入管内未灌满液体,存在空气	全开入口阀,向泵内灌满液体,排除吸入管路漏气点放尽气体
	③入口压力过低或吸程过高,超过规定	检查液位高度,增加吸入压力
	④转向错误	改正
	⑤吸入管、排气管、叶轮内存在异物	清除异物
	⑥叶轮腐蚀或磨损严重	更换叶轮
启动后机泵断流	①供液不足	保证入口阀全开,供料罐液位满足无堵塞
	②泵汽蚀	检查液位高度,增加入口压力,排除入口管和过滤器堵塞
	③介质中有空气或蒸汽	检查并排除入口系统漏气点
流量扬程不符合要求	①泵汽蚀	检查液位高度,增加入口压力,排除入口管和过滤器堵塞
	②流量大、压力低	检查出口阀操作是否有误,有无虚扣,关小调节阀
	③流量小、液体过热汽化	开大调节阀增大流量
	④压力表和流量计失准	更换并调校仪表
	⑤诱导轮、叶轮损坏	更换
	⑥扩压器喉部堵塞	清理异物

续表

故障	原因	解决方法
出口压力波动大	①流量太小	增大流量,如必须在此流量下工作,可设旁路增大流量
	②泵汽蚀	检查液位高度,增加入口压力,排除入口管和过滤器堵塞
	③调节阀故障	检查并维修更换
机泵振动及噪声	①流量过小	加大流量及安装旁路
	②泵汽蚀	检查液位高度,增加入口压力,排除入口管和过滤器堵塞
	③吸入管进气	排除吸入管路漏气点,放尽空气
	④零部件松动	上紧螺母或更换
	⑤泵和电动机不同心	检查对中性并处理
	⑥泵轴弯曲或磨损过大	校直或更换
	⑦轴承损坏	检查更换
	⑧叶轮内异物造成不平衡	去除异物
	⑨基础不完善	完善基础
	⑩地脚螺栓松动	拧紧螺栓
电动机超载	①超载信号错误	检查操作控制信号
	②转速太高	按电动机说明检查
	③接线错误,两相运行,网络电压下降	检查电动机电源及接线状态
	④介质密度和黏度过大	检查额定条件
	⑤泵轴卡住或转动部件卡入异物,转动不灵	检查转动部件有无异物,更换引起故障部件
	⑥泵轴弯曲或泵轴电动机不同心	校正
润滑油泵不上压或压力低	①油泵有漏气处	检查排除
	②油路中有气堵	排放
	③系统管路装配不善,有泄漏点	检查各密封垫排除漏点
	④油泵损坏内部间隙过大	排除或更换
	⑤径向轴承间隙过大	更换
	⑥油温过高	查找原因及应急冷却
润滑油压力偏高或运转中油压不断升高	①油脏、过滤器堵塞	彻底清洗箱体,换油,换过滤器,清洗冷却器
	②油进水、油液乳化	检查冷却器漏点,机封损坏情况,更换受损件

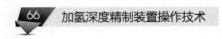

续表

故障	原因	解决方法
油温过高	①润滑油品牌不当	换规定牌号润滑油
	②冷却水流量不足	检查冷却器冷却水进出口两端压差,增大冷却水流量
	③冷却水脏	检查水质,并排除
	④油污染	检查冷却器漏点,过滤器破损,换油、过滤器、冷却器
	⑤低油位过高,搅油	调整至低油位
密封泄漏超标	①泵汽蚀振动	消除泵汽蚀
	②动、静环破裂	更换
	③动、静环腐蚀	提高材质等级
	④动、静环磨损严重,密封面划伤	更换新密封环或研磨
	⑤弹簧腐蚀,弹力不足	更换

5.2.3　普通离心泵操作法

5.2.3.1　离心泵开泵

(1) 离心泵开泵准备

[P]—关闭泵的排凝阀。

[P]—关闭泵的放空阀。

(P)—确认压力表安装好。

[P]—投用压力表。

(2) 投用辅助系统

① 投用冷却水系统

[P]—打开冷却水给水阀和排水阀（轴承箱、填料箱、泵体、油冷却器）。

(P)—确认回水畅通。

② 投用润滑油系统（高速离心泵）

(I)—确认压力低报警（PSL）指示灯亮。

(I)—确认压力低低报警（PSLL）指示灯亮。

[P]—投用油箱预热系统。

[P]—准备好润滑油系统流程。

[P]—启动润滑油泵。

[P]—过滤器、油冷器充油排气。

(P)—确认油路畅通，无泄漏。

(I)—确认压力低低报警（PSLL）灯熄灭。

(I)—确认压力低报警（PSL）灯熄灭。

(I)—确认润滑油压力正常。

[I/P]—做备用泵自启动试验。

[I/P]—做低油压联锁停泵试验。

(P)—确认油过滤器差压在正常范围内。

(P)—确认润滑油温度正常。

[P]—通过看窗确认每个润滑油点的循环情况。

(P)—确认润滑油化验分析合格。

5.2.3.2 离心泵灌泵

（1）常温泵罐泵

[P]—缓慢打开入口阀。

[P]—打开泵放空阀排气。

(P)—确认排气完毕。

[P]—关闭泵放空阀。

[P]—盘车。

[P]—投用密封液。

[P]—调整密封液压力。

（2）高温泵罐泵暖泵

[P]—投用暖泵线或稍开入口阀。

(P)—确认泵不倒转。

[P]—打开放空阀排气（或打开密闭排凝阀）。

(P)—确认排气完毕。

[P]—关闭放空阀或密闭排凝阀。

[P]—每隔 0.5h 盘车 180°。

(P)—控制暖泵升温速度 ≯50℃/h。

(P)—确认泵体与介质温差小于 50℃。

[P]—打开泵入口阀。

[P]—投用密封液。

[P]—调整密封液压力。

[P]—盘车。

(P)—确认无泄漏。

5.2.3.3 离心泵开泵

(P)—确认电动机送电，具备开机条件。

[P]—与相关岗位操作员联系。

(P)—确认泵出口阀关闭（带最小流量线的泵，仅打开最小流量线阀）。

(P)—确认泵不倒转。

[P]—盘车均匀灵活。

[P]—关闭泵的预热线阀。

[P]—启动电动机。

[P]—如果出现下列情况立即停泵：

- 异常泄漏。
- 振动异常。
- 异味。
- 异常声响。
- 火花。
- 烟气。
- 电流持续超高。

(P)—确认泵出口达到启动压力且稳定。

[P]—缓慢打开泵出口阀（带最小流置线的泵，同时关闭最小流置线阀）。

(P)—确认出口压力，电动机电流在正常范围内。

[P]—调整密封油压力。

[P]—与相关岗位操作员联系。

[P]—调整泵的排量。

[I]—最小流量线控制阀投自动。

5.2.3.4　启动后的调整和确认

（1）泵体

(P)—确认泵的振动正常。

(P)—确认轴承温度正常。

(P)—确认润滑油液位正常。

(P)—确认润滑油的温度、压力正常。

(P)—确认润滑油回油正常。

(P)—确认无泄漏。

(P)—确认密封液正常。

(P)—确认密封的冷却介质正常。

(P)—确认冷却水正常。

（2）动力设备

(P)—确认电动机的电流正常。

（3）工艺系统

(P)—确认泵入口压力稳定。

(P)—确认泵出口压力稳定。

（4）补充操作

[P]—将排凝阀或放空阀加盲板或丝堵。

最终状态：

（P）—泵入口阀全开。

（P）—泵出口阀开。

（P）—单向阀的旁路阀关闭。

（P）—排凝阀、放空阀盲板或丝堵加好。

（P）—泵出口压力在正常稳定状态。

（P）—动静密封点无泄漏。

C级辅助说明：

① 250℃以上为高温泵，250℃以下为常温泵。

② 如介质温度超过250℃，应进行预热。预热方法：泵入口阀全开，出口阀开少许（以泵不倒转为原则），利用输送的热介质不断地通过泵体进行预热，预热速度为50℃/h，预热至泵体与输送介质温差在50℃以下。

5.2.3.5　离心泵停泵

（1）停泵

[P]—关泵出口阀（带最小流量的泵，泵出口阀关至规定开度时，全开最小流量控制阀，然后全关泵出口阀）。

[P]—停电动机。

[P]—立即关闭泵出口阀。

（P）—确认泵不反转。

[P]—盘车。

（P）—确认泵入口阀全开。

（2）热备用

（P）—确认辅助系统投用正常。

[P]—打开泵出口阀（联锁自启泵）。

[P]—泵预热。

（3）冷备用

① 停用辅助系统

[P]—停预热系统。

[P]—停用冷却水。

[P]—停润滑油系统。

[P]—停密封液系统。

[P]—停冷却介质。

[P]—电动机停电。

② 隔离

[P]—关闭泵入口阀。

[P]—关闭泵出口阀（联锁自启泵改手动）。

[P]—拆排凝阀、放空阀的盲板或丝堵。

③ 排空

a. 常温泵排空。

[P]—打开密闭排凝阀排液。

[P]—关闭密闭排凝阀。

[P]—置换。

[P]—打开排凝阀。

[P]—打开放空阀。

(P)—确认泵排干净。

b. 高温泵排空。

(P)—确认泵出、入口阀关闭。

(P)—确认预热阀关闭。

[P]—打开泵体密闭排凝阀。

[P]—打开密封液阀门。

[P]—置换。

[P]—控制冷却速度＜50℃/h。

[P]—置换过程中每隔 0.5h 盘车 180°。

(P)—确认自然冷却至 150℃。

[P]—关闭密封液阀门。

[P]—关闭密闭排凝阀。

[P]—拆下排凝阀、放空阀盲板或丝堵。

[P]—打开排凝阀。

[P]—打开放空阀。

(P)—确认泵排干净。

c. 液态烃泵排空。

[P]—稍开泵向安全线排放阀。

[P]—避免管线结霜。

(P)—确认压力下降至安全线管网压力。

[P]—关闭放安全线阀。

[P]—打开泵的放空阀。

(P)—确认泵排干净。

5.2.3.6 交付检修

[P]—出入口阀加盲板。

[P]—密闭排凝线加盲板。

[P]—密闭放空线加盲板。

[P]—预热线加盲板。

[P]—置换线加盲板。

(P)—确认排凝阀、放空阀开。

最终状态：

(P)—确认泵已与系统完全隔离。

(P)—确认泵已排干净，排凝阀打开，放空阀打开。

(P)—确认电动机断电。

(P)—确认透平动力介质停。

C级辅助说明：

① 不论是热介质还是冷介质，都要随时密切关注泵的排空情况。泵附近准备好以下设施：消防水带、消防蒸汽带、灭火器。在液态烃泄压时，应缓慢排放。

② 注意事项：

a. 多级泵停泵时先把泵的出口阀关到最小流量，然后停电动机，当泵轴停止转动时，关死泵的进口阀；

b. 对于热油泵，停泵后每隔 0.5h 盘车 180°，待泵体温度＜40℃后再停冷却水。

5.2.3.7 离心泵正常切换

（1）启动备用泵

[P]—与相关岗位操作员联系准备启泵。

[P]—备用泵盘车。

[P]—关闭备用泵的预热线阀。

[P]—启动备用泵电动机。

[P]—如果出现下列情况立即停止启动泵：

• 异常泄漏。

• 振动异常。

• 异味。

• 异常声响。

• 火花。

• 烟气。

• 电流持续超高。

(P)—确认泵出口达到启动压力且稳定。

（2）切换

[P]—缓慢打开备用泵出口阀。

[P]—逐渐关小运转泵的出口阀。

(P)—确认运转泵出口阀全关，备用泵出口阀开至合适位置。

[P]—停运转泵电动机（见离心泵的停泵操作法）。

[P]—关闭原运转泵出口阀。

(P)—确认备用泵压力，电动机电流在正常范围内。

[P]—调整备用泵密封油压力。

[P]—调整泵的排量。

[I]—运转泵最小流量线控制阀投自动。

5.2.3.8　离心泵注意事项

① 泵启动后，应尽快打开泵的出口阀，决不允许将泵的出口阀关闭较长时间，以防过热，引起泵的损坏；

② 多级泵在启动前应微开出口阀，然后启动电动机；

③ 开泵过程中当继续打开出口阀，而泵扬程忽然明显下降，噪声增大时，即表明泵的流量已超出最大流量点，电动机负荷增大，甚至过载，应立即关小出口阀；

④ 出口阀打开不要太快，以免引起流速突变使泵抽空；

⑤ 泵正常使用范围为 0.3～1.1 倍的设计流量，禁止在小流量、高扬程工况下运行；

⑥ 不允许用进口阀调节流量，以免产生汽蚀。

5.2.3.9　运行检查

① 检查仪表显示是否正常，泵转速是否正常。

② 检查泵进出口压力、平衡管压力、密封冲洗油压力是否正常。

③ 检查泵出口流量是否正常。

④ 检查泵轴承温度、壳体温度、平衡管温度、出口温度是否正常。

⑤ 检查电动机电流是否正常，电流不能超过电动机额定电流。

⑥ 检查电动机轴承温度、定子温度是否正常；检查泵的轴承温度应小于 70℃，电动机轴承温度应小于 95℃，电动机外壳温度应小于 60℃。

⑦ 检查单向离合器运转是否正常。

⑧ 检查润滑油系统是否正常，各进油点压力是否符合要求，各回油点温度是否≤60℃。

⑨ 检查冷却水系统是否正常。

⑩ 检查密封泄漏情况。

⑪ 检查各连接部位是否松动。

5.2.3.10 离心泵的日常检查与维护

（1）泵及辅助系统

① 检查泵有无异常振动。

② 检查轴承温度是否正常。

③ 检查润滑油液位是否正常。

④ 检查润滑油的温度、压力是否正常。

⑤ 检查润滑油回油是否正常。

⑥ 检查润滑油油质是否合格。

⑦ 检查泄漏是否符合要求。

⑧ 检查密封液是否正常。

⑨ 检查密封的冷却介质是否正常。

⑩ 检查冷却水是否正常。

（2）动力设备 检查电动机的运行是否正常。

（3）工艺系统

① 检查泵入口压力是否正常稳定。

② 检查泵出口压力是否正常稳定。

（4）正常维护保养 严格执行设备管理"十字作业"（紧固、清洁、润滑、防腐、调整），润滑"五定"（定点、定质、定量、定期、定人），"三级过滤"（油桶至油箱经一级过滤，油箱至油壶经二级过滤，油壶至经设备三级过滤）。

① 备用泵每班盘车一次，每次180°：

a.备用泵每周开启润滑油泵1h，对各部进行润滑，检查润滑油系统是否正常；

b.每个月检查一次润滑油质量，每运行8000h更换润滑油。

② 冬季停泵防冻措施：

a.打开泵底部高压放空阀，将内部介质完全放尽；

b.打开泵进出口管线连通阀；

c.关闭冷却水进出口总阀，打开进出口连通阀；

d.将设备内的存水和脏物吹扫干净，必要时打开进出口法兰。

5.2.3.11 常见问题处理

（1）离心泵抽空的现象、原因及处理方法

① 现象

a.机泵出口压力表读数大幅度变化，电流表读数波动；

b.泵体及管线内有噼啪作响的声音；

c.泵出口流量减小许多，大幅度变化。

② 原因

a.泵吸入管线漏气；

b. 入口管线堵塞或阀门开度小；

c. 入口压头不够；

d. 介质温度高，含水汽化；

e. 介质温度低，黏度过大；

f. 叶轮堵塞，电动机反转；

g. 热油泵给封油过多。

③ 处理方法

a. 排净机泵内的气体；

b. 开大入口阀或疏通管线；

c. 提高入口压头；

d. 适当降低介质的温度；

e. 适当降低介质的黏度；

f. 找机修拆检或电修检查；

g. 适当减小热油泵的封油量。

(2) 离心泵轴承温度升高的现象、原因及处理方法

① 现象

a. 用手摸轴承箱温度偏高；

b. 电流读数偏高。

② 原因

a. 冷却水中断或冷却水温度过高；

b. 润滑油不足或过多；

c. 轴承损坏或轴承间隙大小不够标准；

d. 甩油环失去作用；

e. 轴承箱进水，润滑油乳化、变质，有杂物；

f. 泵负荷过大。

③ 处理方法

a. 给大冷却水或联系调度降低循环水的温度；

b. 加注润滑油或调整润滑油液位至 $1/3 \sim 1/2$；

c. 联系机修维修轴承或甩油环；

d. 更换轴承腔内的润滑油；

e. 根据工艺指标适当降低负荷。

(3) 离心泵振动产生的原因及处理办法

① 原因

a. 泵内或吸入管内有空气；

b. 吸入管压力小于或接近汽化压力；

c. 转子不平衡；

d. 轴承损坏或轴承间隙大；

e. 泵与电动机不同心；

f. 转子与定子部分发生碰撞或摩擦；

g. 叶轮松动；

h. 入口管内、叶轮内、泵内有杂物；

i. 泵座基础共振。

② 处理方法

a. 重新灌泵，排净泵内或管线内的气体；

b. 提高吸入压力；

c. 转子重新找平衡；

d. 更换轴承；

e. 泵与电动机重新找正；

f. 转子部分重新找正；

g. 检查叶轮；

h. 清除杂物；

i. 消除机座共振。

（4）离心泵发生汽蚀的原因及处理办法

① 原因

a. 泵体内或输送介质内有气体；

b. 吸入容器的液位太低；

c. 吸入口压力太低；

d. 吸入管内有异物堵塞；

e. 叶轮损坏，吸入性能下降。

② 处理方法

a. 灌泵，排净泵体或管线内的气体；

b. 提高容器中液位高度；

c. 提高吸入口压力；

d. 吹扫入口管线；

e. 检查更换叶轮。

（5）离心泵抱轴的原因、现象及处理方法

① 原因

a. 油箱缺油或无油；

b. 润滑油质量不合格，有杂质或含水乳化；

c. 冷却水中断或太小，造成轴承温度过高；

d. 轴承本身质量差或运转时间过长造成疲劳老化。

② 现象

a. 轴承箱温度高;

b. 机泵噪声异常,振动剧烈;

c. 润滑油中含金属碎屑;

d. 电流增加,电动机跳闸。

③ 处理方法

a. 发现上述现象,要及时切换至备用泵,停运转泵,同时通知操作室;

b. 联系机修处理。

(6) 密封泄漏的原因及处理方法

① 原因

a. 密封填料选用或安装不当;

b. 填料磨损或压盖松;

c. 机械密封损坏;

d. 密封腔冷却水或封油量不足;

e. 泵长时间抽空。

② 处理方法

a. 按规定选用密封填料并正确安装;

b. 联系机修更换填料或压紧压盖;

c. 联系机修更换机械密封;

d. 调节密封腔冷却水或封油量;

e. 如果泵抽空,按抽空处理。

(7) 离心泵盘车不动的原因及处理方法

① 原因

a. 长期不盘车而卡死;

b. 泵的部件损坏或卡住;

c. 轴弯曲严重;

d. 填料泵填料压得过紧。

② 处理方法

a. 加强盘车(预热泵);

b. 联系机修处理;

c. 联系机修更换轴承;

d. 联系机修放松填料压盖或加强盘车。

(8) 泵出口压力超指标的原因及处理方法

① 原因

a. 出口管线堵；

b. 出口阀柄脱落（或开度太小）；

c. 压力表失灵；

d. 泵入口压力过高；

e. 油品含水太多（密度增大）。

② 处理方法

a. 处理出口管线；

b. 检查更换；

c. 更换压力表；

d. 查找原因降低入口压力；

e. 加强切水。

（9）运转中如何换油

① 准备工作

a. 准备一壶与运转泵所用型号相同的润滑油；

b. 准备活扳手。

② 操作步骤

a. 旋转轴承箱加油孔丝堵，打开加油孔，加注新油；

b. 旋转轴承箱放油孔丝堵，排放旧油，直至旧油放净，拧紧放油孔丝堵；

c. 当加注新油油位至油标的 $1/2 \sim 2/3$，停止加油，拧紧加油孔丝堵；

d. 清理泵体及泵座油污。

③ 注意事项　操作时应谨慎，避免排油过快，加油过慢，导致轴承缺油。

（10）发生即应立即停机组的事故

a. 密封泄漏严重；

b. 设备内有异常响声；

c. 设备表面温度超过正常值；

d. 泵体裂开或进、出口管线严重泄漏；

e. 电动机电流超过额定值，调节出口阀无效；

f. 工艺要求紧急停泵。

5.2.4　计量泵的开、停与切换操作

5.2.4.1　开泵

初始状态确认：

(P)—泵单机试车完毕。

(P)—泵处于冷态，无介质。

(P)—联轴器（若有）安装完毕，防护罩安装好。

(P)—泵的机械、仪表、电气确认完毕。

(P)—泵的入口过滤器干净并安装好。

(P)—润滑油化验分析合格。

(P)—润滑油过滤器干净。

(P)—油箱加油至液位正常。

(P)—液压油化验分析合格。

(P)—液压油装入油腔。

(P)—液压油油位正常。

(P)—符合要求的冷却水引至泵前。

(P)—泵入口阀和出口阀关闭且与工艺系统隔离。

(P)—泵的排凝阀和排气阀打开。

(P)—泵出口缓冲器安装好。

(P)—泵出口安全阀校验安装好并投用。

(P)—泵冲程调节器灵活准确好用，行程调至"0"位（如果有）。

(I)—"DCS"上泵电动机变频器准确好用，变频信号调至"0"位，即0r/min（如果有）。

(P)—清理现场，仪表和出入口管线、阀门无渗漏、好用，地脚螺栓紧固。

(P)—电动机具备送电条件。

5.2.4.2　开泵前的准备

a. 泵体。

[P]—拆盲板。

[P]—关闭泵的排凝阀。

[P]—关闭泵的排气阀。

(P)—确认泵出口压力表安装好。

[P]—投用压力表。

b. 润滑油系统投用。

(P)—确认油箱液位正常。

(P)—确认润滑油管线、阀位、过滤器充油排气。

(P)—确认润滑油压力表投用。

[P]—润滑油泵（如果有）送电。

[P]—启动润滑油泵（如果有）。

(P)—确认润滑油压力符合要求。

(P)—确认油过滤器差压在正常范围内。

(I/P)—确认低油压联锁停机好用。

(P)—确认润滑油温度符合要求。

c. 冷却水投用。

[P]—打开冷却水给水阀和排水阀（填料箱）。

(P)—确认回水视窗或地漏排水畅通。

d. 液压油投用。

(P)—确认液压油腔液位正常。

(P)—确认液压油品质符合要求。

e. 电动机送电。

5.2.4.3 灌泵

[P]—缓慢打开泵入口阀。

[P]—打开放空阀排气。

(P)—确认排气完毕。

(P)—关闭放空阀。

5.2.4.4 启泵

[P]—投用泵出口压控返回（如果有）。

[P]—全开泵出口阀。

[P]—启动电动机。

[P]—冲程在"0"位运行 15min。

[P]—缓慢调整冲程至需要范围。

[I]—缓慢调整变频信号至所需流量、压力（变频信号由 0 到 10 到 20……）。

(P)—确认泵运行状况。

[P]—出现下列情况立即停泵：

- 严重泄漏。
- 异常振动。
- 异味。
- 火花。
- 烟气。
- 撞击。
- 电流持续超高。

(P)—确认排出压力（齿轮泵的出口压力应该稳定；柱塞泵、隔膜泵的出口压力小幅振荡是正常的）。

5.2.4.5 泵启动后确认和调整

(1) 泵的确认

(P)—确认泵的冲程调节器锁死固定好。

(P)—确认泵的振动在指标范围内。

(P)—确认轴承温度和声音正常。

（P）—确认齿轮箱、曲轴箱温度和声音正常。

（P）—确认润滑油的液位正常。

[P]—调整润滑油温度（不应超过 60℃）、压力至正常。

（P）—确认液压油液位正常，品质合格。

（P）—确认泄漏在标准范围内。

[P]—调整冷却水（填料箱）。

（2）电动机

（P）—电动机检查。

（3）工艺系统

（P）—确认泵入口压力稳定。

[P]—调整泵出口压控返回（如果有）。

（P）—确认泵出口压力正常，压力增加要检查排出管路是否堵塞或阀门是否全开。

（P）—确认泵出口安全阀没起跳。

[P]—调整泵出口流量。

[P]—若发现流量不正常，则进行以下方面的检查和确认：

- 泵体出入口阀泄漏情况。
- 泵体出入口单向阀工作情况。
- 冲程机构的运行情况。
- 液压油系统情况。
- 出口安全阀泄漏情况。
- 泵入口过滤网堵塞情况。
- 柱塞填料环磨损情况。
- 密封填料泄漏情况。
- 隔膜运行情况。

[P]—泵的排凝口和排气口加盲板或丝堵。

5.2.4.6 最终状态确认

（P）—泵入口阀全开。

（P）—泵出口阀全开。

（P）—泵出口压力正常。

（P）—泵出口流量正常。

（P）—泵冲程调节器（如果有）正常。

（P）—泵电动机变频器（如果有）正常。

（P）—泵出口压控返回线（如果有）在调节状态。

（P）—排凝口、排气口加丝堵或盲板。

（P）—动静密封点无泄漏。

C 级辅助说明：

a. 液压油是隔膜泵内处于隔膜与柱塞之间的一种液体。液压油准确地将柱塞的冲程动作传递给隔膜，启动前必须先将液压腔及其管线排气充满液压油。

b. 泵启动前，缓慢打开出口阀。若发现机体压力高于入口系统压力，则迅速关闭泵出口阀，处理出口单向阀。可调流量的泵启动前，先将流量调至最低，启动后，逐渐调整流量至正常。

c. 机泵变频器开度的升降应缓慢进行调节，冲程调节器的调节应缓慢进行，这两项切勿突然大幅度调节。

5.2.4.7　停泵

适用范围：柱塞泵、隔膜泵、齿轮泵。

（1）初始状态确认

（P）—泵入口阀全开。

（P）—泵出口阀全开。

（P）—泵出口压力正常。

（P）—泵出口压控返回线（如果有）在调节状态。

（P）—排凝口、排放口加盲板或丝堵。

（2）停泵

[P]—缓慢调节泵冲程调节器（如果有）至"0"位。

[I]—"DCS"上泵电动机变频器（如果有）调至"0"位。

[P]—停电动机。

[P]—关闭泵出口阀。

[P]—关闭泵出口压控阀返回阀及其手阀（如果有）。

（3）正常切换

a. 启动备用泵。

[P]—与相关岗位联系。

[P]—将泵（可调流量泵）的流量调至最小或将冲程调节器调至"0"位。

[P]—全开泵出口阀。

[P]—启动电动机。

[P]—"DCS"上缓慢调整变频信号至所需转速（变频信号由 0 到 10 到 20……）。

[P]—确认泵运行状况后空负荷运行 15min。

[P]—出现下列情况立即停泵：

• 严重泄漏。

• 振动异常。

- 异味。
- 火花。
- 烟气。
- 撞击。
- 电流持续超高。

（P）—确认排出压力（齿轮泵的出口压力应该稳定；柱塞泵、隔膜泵的出口压力小幅振荡是正常的）。

b. 切换。

[P]—缓慢增大备用泵（可调流量泵）行程。

[P]—调整备用泵出口压控返回阀（如果有）。

（P）—确认备用泵出口压力正常。

[P]—停原在用泵电动机。

[P]—关闭原在用泵出口阀。

[P]—关闭原在用泵出口压控阀返回阀及其手阀（如果有）。

[P]—缓慢调节泵冲程调节器（如果有）至"0"位。

[I]—"DCS"上泵电动机变频器（如果有）调至"0"位。

[P]—调整现运转泵（原备用泵）出口流量。

5.2.4.8　常见问题处理

（1）泵启动后排量不足

① 原因

- 泵吸入管线漏气。
- 入口管线、过滤器堵塞或阀门开度小。
- 入口压头不够。
- 单向阀不严。
- 排出管泄漏。
- 柱塞填料环磨损。
- 密封填料泄漏。
- 液压油系统不正常。
- 隔膜变形或损坏。

② 处理

- 排净机泵内的气体，重新灌泵。
- 开大入口阀、疏通入口管线或拆检入口过滤器。
- 提高入口压头。
- 检查排出管路并进行处理。
- 若上述方法处理无效，则找机修拆检。

（2）泵内产生冲击声

① 原因

- 泵体内进入气体。
- 吸入管阻力大。
- 调节或传动机构间隙大。
- 缸内进入异物。

② 处理方法

- 采取措施清除空气。
- 检查入口管线、过滤器是否堵塞或阀门开度是否过小，并进行处理。
- 联系机修处理。

（3）摩擦部位发热

① 原因

- 填料压得过紧。
- 润滑油量不足或油路堵塞。

② 处理方法　联系机修处理。

（4）出口压力突然升高

① 原因

- 压力表坏。
- 出口管线堵塞。
- 出口阀故障。
- 泵出口压控返回阀（如果有）故障。

② 处理方法

- 更换出口压力表。
- 停泵，处理出口管线。
- 停泵，更换出口阀。
- 停泵，处理出口压控返回阀（如果有）。

5.2.5　螺杆泵（润滑油站油泵）的开、停与切换

5.2.5.1　开泵

（1）准备

[P]—拆盲板。

[P]—关闭泵的排凝阀。

[P]—关闭泵的放空阀。

(P)—确认泵出口压力表安装好。

[P]—投用压力表。

（2）灌泵

[P]—打开灌泵线上的阀门。

[P]—打开泵放空阀。

[P]—见液后关闭放空阀。

[P]—打开泵入口阀。

[P]—打开泵出口阀。

[P]—盘车。

[P]—电动机送电。

（3）启泵

[P]—启动电动机。

[P]—出现下列情况停泵：

- 异常泄漏。
- 振动异常。
- 异味。
- 异常声响。
- 火花。
- 烟气。
- 电流持续超高。

[P]—关闭灌泵线上的阀。

[P]—调整泵的出口流量。

（P）—确认泵排出压力稳定、流量正常。

5.2.5.2 自启动试验（非自吸泵）

（P）—确认备用泵入口阀、出口阀打开。

（P）—确认备用泵电动机送电。

（P）—确认备用泵灌泵。

[I]—将泵的自启动联锁投自动。

[P]—逐渐降低出口压力至报警值。

（I）—确认压力报警指示灯亮。

（P）—确认备用泵自启动。

（I/P）—确认备用泵自启动时的系统压力与联锁值相符。

[P]—调整系统压力。

（I）—确认系统压力调整至正常，投自动。

[I]—解除备用泵自启动联锁。

[P]—手动停主泵。

（P）—确认系统压力达到正常。

［I/P］—重复试验，以备用泵为主泵进行联锁自启动试验。

5.2.5.3　启动后的检查和调整

（1）泵

（P）—确认泵的振动在指标范围内。

（P）—确认轴承温度和声音正常。

（P）—确认润滑油油标液位正常。

（P）—确认润滑油温度正常。

（P）—确认泄漏在标准范围以内。

（2）电动机

（P）—确认电动机运行正常。

（3）工艺系统

（P）—确认泵入口压力稳定。

（P）—确认泵出口压力正常。

（P）—确认泵的回流阀阀位正常。

［P］—灌泵线隔离。

［P］—泵的排凝阀和放空阀加盲板或丝堵。

5.2.5.4　最终状态确定

（P）—泵入口阀全开。

（P）—泵出口阀全开。

（P）—泵出口压力正常。

（P）—泵出口流量正常。

（P）—灌泵线隔离。

（P）—排凝阀、放空阀加丝堵或盲板。

（P）—密封点泄漏在标准范围内。

5.2.5.5　停泵

（1）停泵

［P］—停电动机。

热备用：

（P）—确认泵润滑油油质、油位正常。

（P）—确认泵无泄漏。

（P）—确认泵出口压力表指示回零。

［P］—做好泵的防冻凝措施。

冷备用：

［P］—电动机停电。

［P］—停润滑油系统。

[P]—停冷却水系统。

[P]—做好泵的防冻凝措施。

（2）泵隔离、排空

[P]—关闭泵的出口阀、入口阀。

[P]—拆下排凝阀或放空阀的盲板或丝堵。

[P]—打开放空阀。

[P]—打开排凝阀排液。

(P)—确认泵排干净。

(P)—泵出入口阀隔离。

[P]—按照作业票安全规定交付检修。

最终状态确认：

(P)—确认泵与系统完全隔离。

(P)—确认泵处于冷态，无工艺介质。

(P)—确认泵放空阀打开、排凝阀打开。

(P)—电动机停电。

5.2.5.6　正常切换

（1）在用泵

(P)—泵入口阀全开。

(P)—泵出口阀全开。

(P)—泵出口压力正常。

(P)—泵出口流量正常。

(P)—灌泵线隔离。

(P)—排凝阀、放空阀加丝堵或盲板。

（2）备用泵

(P)—泵的排凝阀关闭。

(P)—泵的放空阀关闭。

(P)—确认泵出口压力表安装好，并投用。

(P)—灌泵线上的阀门打开，泵体内充满介质。

(P)—泵入口阀打开。

(P)—泵出口阀打开。

(P)—盘车正常。

(P)—电动机送电。

5.2.5.7　启动备用泵

[P]—启动备用泵电动机。

[P]—出现下列情况应停泵：

- 异常泄漏。
- 振动异常。
- 异味。
- 异常声响。
- 火花。
- 烟气。
- 电流持续超高。

[P]—关闭备用泵灌泵线上的阀。

[P]—调整备用泵的出口流量。

(P)—确认备用泵排出压力稳定、流量正常。

停在用泵：

[P]—停原在用泵电动机。

5.2.5.8　日常检查与维护

（1）泵

a.检查泵的振动是否在指标范围内。

b.检查轴承温度和声音是否正常。

c.检查润滑油油标液位是否正常。

d.检查润滑油温度是否正常。

e.检查润滑油油质是否合格。

f.检查泄漏是否在标准范围以内。

（2）电动机　检查电动机运行是否正常。

（3）工艺系统

a.检查泵入口压力是否稳定。

b.检查泵出口压力是否正常稳定。

c.检查泵的回流阀阀位是否正常。

5.2.6　风机的开、停与切换操作

5.2.6.1　概述

（1）适用范围

a.轴流式（空冷器风机）。

b.离心式（加热炉鼓、引风机）。

c.电动机带动的。

（2）初始状态

(P)—风机单机试车完毕。

(P)—联轴器安装完毕，防护罩（如果有）安装好。

（P）—空冷器风机皮带及防护罩（如果有）安装合格。

（P）—风机的机械、仪表、电气确认完毕。

（P）—合格的润滑油已加好。

（P）—风机的入口过滤网（如果有）干净并安装好。

（P）—风机的入口阀和出口阀（如果有）灵活好用且关闭与工艺系统隔离。

（P）—确认风机出口放空阀（如果有）打开。

（P）—轴承箱冷却水（如果有）隔离。

（P）—确认风机入口排凝阀（如果有）打开。

（P）—确认电动机完好，断电。

5.2.6.2　开机准备

（1）轴流式风机

［P］—开机前检查半圆形的挡环是否卡进了叶片座的圆槽内，叶片定位的顶丝是否顶紧，没有松动时才能开车。

［P］—检查连接皮带是否过紧，过松是否会在槽内。

［P］—检查润滑油点是否缺油。

［P］—手动旋转皮带，使风机和电动机运转，检查叶片是否与风罩碰撞。

［P］—盘车，检查有无机械摩擦声。

［P］—检查风机叶片角度是否合适且一致。

［P］—检查空冷百叶窗开度是否合适。

［P］—电动机送电。

［P］—"DCS"上风机变频器（如果有）开度调至0%。

（2）离心式风机

（P）—确认阀门状态。

［P］—放空阀调整至合适开度。

（P）—确认风机出口压力表安装好（如果有）。

［P］—投用压力表（如果有）。

［P］—投用轴承箱冷却水（如果有）。

［P］—盘车。

［P］—关闭风机入口排凝阀。

［P］—电动机送电。

［P］—"DCS"上风机变频器（如果有）开度调至0%。

5.2.6.3　风机开机

（1）轴流式风机

［P］—点动电动机，确认电动机转向。

［P］—启动电动机。

[P]—出现下列情况立即停机：

- 异常泄漏。
- 振动异常。
- 异味。
- 异常声响。
- 火花。
- 烟气。
- 电流持续超高。

[P]—全面检查电动机、风机运转是否平稳。

[P]—根据工艺需要确定投用风机数量，并调整百叶窗叶片角度，对于自动调角风机控制室要对具体控制回路投用自动。

（2）离心式风机

[P]—启动电动机。

[P]—出现下列情况立即停机：

- 异常泄漏。
- 振动异常。
- 异味。
- 异常声响。
- 火花。
- 烟气。
- 电流持续超高。

[P]—打开风机出口阀。

[P]—关闭放空阀。

5.2.6.4　风机开机后的检查和调整

（P）—确认风机振动在指标范围内。

（P）—确认轴承温度和声音正常。

（P）—确认润滑油油标、液位正常。

（P）—确认润滑油温度正常。

（P）—确认风机皮带松紧适度。

[P]—调整风扇角度满足工艺要求（对于可调角度空冷器风机）。

[P]—调整风机入口阀、出口阀至合适开度。

[I]—风机出口放空阀投自动（对于离心式风机）。

（P）—确认风机入口、出口压力合乎要求。

（I）—确认风机联锁投用。

最终状态：

(P)—风机入口阀在合适开度。

(P)—风机出口阀在合适开度。

(I)—风机出口放空阀在自动位置。

(P)—风机出、入口压力正常。

(P)—风机出口流量正常。

(P)—风机入口排凝阀关闭。

(P)—动静密封点无异常泄漏。

5.2.6.5　停机

(1) 适用范围

a. 轴流式（空冷器风机）。

b. 离心式（加热炉鼓、引风机）。

c. 电动机带动的。

(2) 初始状态

(P)—风机入口阀在合适开度。

(P)—风机出口阀在合适开度。

(I)—风机出口放空阀在自动位置。

(P)—风机轴承箱冷却水投用正常。

(P)—风机入口排凝阀关闭。

(3) 风机停机

① 轴流式风机

[P]—停电动机。

[P]—关闭风机入口阀。

② 离心式风机

[P]—调整风机出口放空阀至合适开度。

[P]—关闭风机出口阀。

[P]—停电动机。

5.2.6.6　风机备用

[P]—停风机轴承箱冷却水。

[P]—电动机停电。

(P)—确认风机出口放空阀打开。

[P]—做好风机的防冻凝措施。

5.2.6.7　风机交付检修

(P)—确认风机断电。

(P)—确认风机处于冷态。

(P)—确认风机入口阀关闭。

（P）—确认风机出口阀关闭。

（P）—确认风机与工艺系统隔离。

[P]—用空气置换机体，化验分析合格。

[P]—按照作业票安全规定交付检修。

最终状态确认：

（P）—确认风机处于冷态。

（P）—确认风机空气置换合格。

（P）—确认风机与工艺系统隔离。

（P）—确认风机入口排凝阀打开。

（P）—确认风机出口放空阀打开。

（P）—电动机断电。

5.2.6.8 正常切换

（1）轴流式风机

（P）—确认风机入口阀关闭。

（P）—盘车正常。

（P）—电动机送电。

（2）离心式风机

（P）—确认出口阀关闭。

（P）—放空阀调整至合适开度。

（P）—确认风机出口压力表安装好并投用。

（P）—轴承箱冷却水投用。

（I）—确认风机自身联锁投用。

（I）—确认风机与工艺系统相关联锁摘除。

（P）—盘车正常。

（P）—风机入口排凝阀关闭。

（P）—电动机送电。

5.2.6.9 启动备用风机（不带负荷）

[P]—启动电动机。

[P]—出现下列情况立即停机：

- 异常泄漏。
- 振动异常。
- 异味。
- 异常声响。
- 火花。
- 烟气。

· 电流持续超高。

(P)—确认风机运行无异常。

5.2.6.10　切换

（1）轴流式风机

[P]—打开备用风机入口阀。

[P]—按启动程序启动备用空冷风机。

[P]—检查切换风机运转有无异常。

[P]—停原在用风机电动机。

[P]—调整原备用风机入口阀开度至合适位置。

（2）离心式风机

[P]—打开备用风机出口阀。

[P]—缓慢关闭备用风机放空阀，直至全关。

[P]—缓慢打开在用风机出口放空阀至合适开度。

[P]—关闭原在用风机出口阀。

[P]—停原在用风机电动机。

5.2.7　压缩机

　　压缩机是用以将低压力的气体压缩至高压力的机器，在完成这项任务时，多采用逐次的多级压缩，每级气缸中都有相同的吸气、压缩和排气过程。

　　浩业深度加氢装置设有新氢压缩机和循环氢压缩机，均为往复式。其中新氢压缩机为四级压缩，循环氢压缩机为一级压缩。

　　往复式活塞压缩机属于容积型压缩机，靠气缸内作往复运动的活塞改变工作容积压缩气体。气缸内的活塞，通过活塞杆、十字头、连杆与曲轴连接，当曲轴旋转时，活塞在气缸中作往复运动，活塞与气缸组成的空间容积交替地发生扩大与缩小。当容积扩大时残留在余隙内的气体将膨胀，然后再吸进气体；当容积缩小时则压缩排出气体。所谓多级压缩，是将气体的压缩过程分在若干级中进行，并在每级压缩之后将气体导入中间冷却器进行冷却。

　　图5-2所示是一种单吸式压缩机的气缸。这种压缩机只在气缸的一端有吸入气阀和

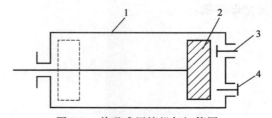

图5-2　单吸式压缩机气缸简图

1—气缸；2—活塞；3—吸气阀；4—排气阀

排出气阀，活塞每往复一次只吸一次气和排一次气。

通常我们用单位时间内压缩机排出的气体，换算到最初吸入状态下的气体体积量，来表示压缩机的生产能力，也称为压缩机的排气量。其单位为 m^3/h 或 m^3/min。

压缩机生产能力受几个方面影响：

（1）余隙 当余隙较大时，在吸气时余隙内的高压气体产生膨胀而占去部分容积，致使吸入的气量减少，使压缩机的生产能力降低。当然，余隙过小也不利，因为这样气缸中活塞容易与气缸端盖发生撞击而损坏机器。所以压缩机的气缸余隙一定要调整适当。

（2）泄漏损失 压缩机的生产能力与活塞环、吸入气阀和排出气阀以及气缸填料的气密程度有很大关系。活塞环套在活塞上，其作用是密封活塞与气缸之间的空隙，以防止被压缩的气体窜漏到活塞的另一侧。因此，安装活塞环时，应使它能自由胀缩，即能造成良好的密封，又不使活塞与气缸的摩擦太大。如果活塞环安装得不好或与气缸摩擦造成磨损而不能完全密封，被压缩的高压气体便有一部分不经排出气阀排出，而从活塞环不严之处漏到活塞的另一边。这样由于压出的气量减少，压缩机的生产能力也就随着降低。在实际生产中，由于活塞环磨损而漏气造成产量降低的情况经常发生。

如果排出气阀不够严密，则在吸入过程中，出口管中的部分高压气体就会从气门不严之处漏回缸内。如果吸气阀不够严密，则在压缩期间也会有部分压缩气体自缸中漏回进口管。这两种情况都会使压缩机的生产能力降低。在实际操作中，由于气阀的阀片经常受到气体的冲蚀或因质量不好而损坏，因此漏气造成减产的现象也会时常发生。在压缩机运转的过程中，由于气缸填料经常与活塞杆摩擦而发生磨损，或因安装质量不好，都会产生漏气现象。因此，气缸填料的漏气在实际生产中也会经常遇到。

（3）吸入气阀的阻力 压缩机的吸入气阀应在一定程度上具有抵抗气体压力的能力，并且只有在缸内的压力稍低于进口管中的气体压力时才开启。如果吸入气阀的阻力大于平常的阻力，开启速度就会迟缓，进入气缸的气量也会减少，压缩机的生产能力也因此而降低。

（4）吸入气体温度 压缩机气缸的容积虽恒定不变，但如果吸入气体的温度高，则吸入缸内的气体密度就会减小，单位时间吸入气体的质量减小，导致压缩机的生产能力降低。压缩机在夏天的生产能力总是比冬天低，就是这个原因。另外，在进口管中的气体温度虽然不高，但如果气缸冷却不好，使进入气阀室的气体温度过高，也会使气体的体积膨胀，密度减小，压缩机的生产能力也会因此而降低。

5.2.7.1 C1001A/B 循环氢压缩机操作法

（1）开机前准备工作

① 建立润滑油系统，润滑油总管压力为 $0.3\sim0.5MPa$，提前 20min 启动注油器，

各注油点畅通，每分钟 8～9 滴，润滑油总管压力为 0.3～0.5MPa。

② 检查冷却水通畅，冷却水总出口压力≤0.4MPa，各部件螺栓紧固无松动。

③ 氮气气封投用压力≤0.1MPa。

④ 关闭电动机加热、励磁加热（C1001A 启动无级调节专用油站，油压＞15MPa）。

⑤ 启动盘车电动机进行盘车 15min。

⑥ 确认关闭放火炬线、返回线、放空阀、排凝阀。

⑦ 关闭机身油池加热器［冬季可不关闭，视润滑油温度而定（30～40℃）］。

（2）开机

① C1001A 有负荷调节

a. 外操将盘车器脱离，主控确认开机信号，确认负荷为 0，启动主电动机，停辅助油站泵（控制润滑油压力在 0.4MPa 左右）。

b. 无任何异响等问题后开出口阀，待出口阀开启一半时（出口阀不停，直至全开），打开入口阀，入口进气后放慢速度或停止开入口阀，避免机体压力急剧上涨，待压力不再上涨时继续开入口阀至全开。

c. 机体压力升至入口压力后，开始缓慢增加负荷，直至达到需要参数（压力上涨过程中不要加负荷，因为此时气量不足，容易损坏气阀）。

d. 检查最终出口压力，内操注意流量待平稳后做全面运转情况检查，尤其要注意排气温度上涨趋势和最终排气温度。

② C1001B 无负荷调节

a. 主控确认开机信号，启动主电动机，停辅助油站泵（控制润滑油压力在 0.4MPa 左右）。

b. 无任何异响等问题后开出口阀，待出口阀开启一半时（出口阀不停，直至全开），打开入口阀，入口进气后一直开入口阀，直至全开（因为 B 机无负荷调节，入口阀要尽快开，防止气量不足损坏气阀）。

c. 检查最终出口压力，内操注意流量待平稳后做全面运转情况检查，尤其要注意排气温度上涨趋势和最终排气温度。

（3）停机

① 逐渐关闭入口阀直至全部关闭（期间观察温升、压力等）。

② 先启动辅助油站泵，后停主电动机，关闭出口阀，开电动机加热、励磁加热。

③ 机体泄压放空（通知调度），缓慢泄压至常压（如检修泄压后需进行氮气置换，置换合格后交付检修）。

④ 盘车 15min，直至机体冷却。

⑤ 启动油池加热（冬季）（C1001A 停无级调节专用油站）。

（4）切换

① A（无级）→B

a. B 机启动主电动机后按正常操作步骤进行，内操视循环氢总流量降低 A 机负荷。

b. A 机负荷降至 0 时，观察 B 机运行情况，如运行正常，A 机按正常停机步骤停机。

② B→A（无级）

a. A 机启动主电动机后按正常操作步骤进行，内操缓慢增加 A 机负荷，外操一直关闭 B 机入口阀，直至全关。

b. B 机入口阀全关后，观察 A 机运行情况，如运行正常，B 机按正常停机步骤停机。

5.2.7.2 C2102A/B 新氢压缩机操作法

（1）开机前准备工作

① 建立润滑油系统，启动注油器，各注油点畅通，每分钟 6～8 滴，总管压力 0.27～0.5MPa。

② 检查冷却水通畅，冷却水总出口压力≮0.4MPa，各部件螺栓紧固无松动。

③ 氮气气封投用压力≮0.1MPa。

④ 盘车；关闭电动机加热、励磁加热，启动盘车电动机进行盘车 3～5 周（现场按高压合闸几秒后，变频允许启动灯亮，再隔 3～5s 按变频启动）。

⑤ 确认关闭放火炬线、返回线、现场放空阀、排凝阀（确认进出口紧急切断阀打开且无任何异常卡涩等情况）。

⑥ 关闭电动机空间加热，关闭润滑油加热器［冬季可不关闭，视润滑油温度而定（20～45℃）］。

⑦ 入口两台阀全开一台，用一台阀门控制，出口三台阀门全开电动调节阀前后手阀，调节阀控制（或出口手动球阀控制）。

⑧ 确认仪表风压力＞0.4MPa。

⑨ 轴头泵罐泵，排空至无气泡为止。

（2）开机

① 确认卸荷器为 0%，允许开机信号，启动主电动机，无任何异常后停辅助油泵（操作柱打自动），开出口阀。

② 待出口阀完全开启后缓慢打开入口阀，注意各级压力、温度、机械运转等情况，运转正常后卸荷器调节至 50% 或 100%（若出口单向阀内漏则先开入口阀，按出口压力开出口阀，出入口阀同时开启）。

③ 检查最终出口压力，内操注意流量待平稳后做全面运转检查。检查压缩比、排气温度、压力等，全面检查运转情况。

（3）停机

① 卸荷器调节至 0%，逐渐关闭入口阀直至全部关闭（期间观察温升、压力等）。

② 关闭出入口阀，启动辅助油泵，停主电动机，开电动机加热、励磁加热。

③ 机体泄压放空（通知相关部门），缓慢泄压至常压（如检修泄压后需进行氮气置换，置换合格后交付检修）。

④ 注油器继续运行 30min，每 10min 盘车 1 次，直至机体冷却。

⑤ 启动油池加热（冬季保证备机润滑油温度为 20℃）。

（4）切换（例 A→B）

① A 机正常运转，B 机按启动程序启动后 A 机根据 B 机入口阀开度、卸荷器负荷、流量逐渐减少负荷直至 0 负荷，B 机增至原 A 机运转负荷。

② A 机停机。A 机做停机检查，B 机做运行检查。

[知识扩展]

（1）压缩机种类有哪些？

压缩机按照工作原理可分为容积式和速度式。速度式包括：离心式、轴流式和混流式。容积式包括：往复式和回转式。往复式包括：活塞式和膜片式。回转式包括：螺杆式、滑片式和转子式。

容积式压缩机，指气体直接受到压缩，从而使气体容积缩小、压力提高的机器。一般这类压缩机具有容纳气体的气缸以及压缩气体的活塞。按容积变化方式的不同，有往复式和回转式两种结构。

（2）为什么往复式压缩机各级之间要有中间冷却器？

各级压缩后，由于温度升高，气缸的润滑油会降低黏度，同时会分解出焦质的物质，在阀片等重要部位积聚，妨碍阀片正常运转。若气温高于润滑油的闪点，则具有引起爆炸的潜在危险。有时压缩的气体为碳氢化合物气体（如石油气等），在高温下气体物理性质会发生变化，如产生聚合作用等。一般压缩机排气温度应低于润滑油闪点 30~50℃。压缩空气时，排气温度应限制在 160~180℃以下，石油气、乙烯、乙炔气等应限制在 100℃以下，所以必须有中间冷却器。

在多级压缩机中，每级的压力比较低，而且有级间冷却器，每级排出气体冷却到接近第一级吸入前的温度（单靠在气缸套中的冷却是达不到的），因此每一级气缸压缩终了时，气体的温度不会太高。

（3）往复式压缩机润滑的作用、润滑类别及润滑方法是怎样的？

压缩机润滑的作用主要是减少摩擦部件的磨损和摩擦消耗的功，此外还能冷却运动机构的摩擦表面、密封活塞以及填料函，从而提高活塞和填料函的工作可靠性。因此压缩机的润滑有很重要的意义。

压缩机的润滑基本上可分成气缸润滑系统和运动机构润滑系统。

润滑气缸用的润滑油要有较高的黏度，在活塞环与气缸之间能起到良好的润滑和密封作用。其次还要求有较高的闪点和较高的稳定性，使油不易挥发、不易氧化，否则，易引起积炭（润滑油氧化后所形成的碳化物），而积炭一旦燃烧会引起爆炸，此外积炭会加剧气缸、气阀的磨损，故在气缸中形成积炭对压缩机操作极为不利。所以，气缸润滑油是采用专门的压缩机油来润滑的。

空气压缩机的气缸润滑油消耗量限制得比较严格。油量过多，既不经济又会使导管和附属装置沾污，促使积炭形成。对于低压和中压压缩机来说，其中卧式压缩机每 $400m^2$ 的润滑表面润滑油消耗量平均为 1g/min，立式压缩机每 $500m^2$ 的润滑表面润滑油消耗量平均为 1g/min。高压压缩机由于在压缩机之后有冷却器和油分离器，润滑油消耗量就会提高，每 $200m^2$ 气缸润滑表面润滑油消耗量平均为 1g/min，而每 $100m^2$ 的填料函中活塞杆润滑表面润滑油消耗量为 3g/min。新压缩机试车运转（跑合）时，加油量为定额的两倍。

运动机构的润滑油量（循环量）视有无润滑冷却器而不同，有冷却器时润滑油量为 $0.075kg/(min \cdot kW)$，无冷却器为 $0.15kg/(min \cdot kW)$（润滑油的消耗量应根据实际情况而定，以上数字仅供参考）。

压缩机气缸的润滑方法一般有两种：

① 飞溅法：用回转机构（如曲轴）将曲轴箱中的油甩向气缸壁，以供给气缸润滑油，这种方法只适用于无十字头的单级压缩机，但供油量无法调节，尤其是当刮油环与活塞环配合得不好时，会使润滑油过剩而被气体带走。

② 强制润滑法（压力润滑）：气缸内金属之间及活塞杆与填料之间的润滑油用注油器加压强制注入。常用的注油器为单柱塞真空滴油式，此种注油器与以前使用的活门配油多柱塞泵、滑阀配油多柱塞泵相比，构造简单，技术先进，使用时可在不停机的情况下处理故障。此种注油器内安有小油泵，每个油泵担负一个润滑点。

压缩机运动机构的润滑方法一般有两种：

① 飞溅法：用回转机构将曲轴箱中的润滑油甩成油滴，当有些油滴落到轴承（瓦）上的油孔中时，即可流到摩擦表面上。

② 压力润滑法：用齿轮油泵进行循环润滑。在这种方法中。润滑油依次通过油箱、油泵、过滤器、冷却器、运动机构等各润滑点，再流入油箱。循环系统还装有调节润滑油压力的旁通阀和压力表。

[知识探究]

为什么要采用多级压缩？

①节省功率消耗；②降低排气温度；③降低作用在活塞上的气体力；④提高容积系数。

5.3 主要静设备操作

5.3.1 换热器操作

炼油厂使用的换热设备主要是管壳式换热器，其中低压用量最多的是浮头式换热器。此外，还有固定管板式换热器、U 形管式换热器。它们是以使用温度、压力及两侧流动介质特性为选用依据。

U 形管式换热器只有一个管板，管子两端均固定在同一个管板上。U 形管式换热器具有双管程和浮头式换热器的某些特点，每根 U 形管均可自由膨胀而不受别的管子和壳体的约束，具有弹性大、热补偿性能好、管程流速高、传热性能好、承压能力强、结构紧凑、不易泄漏以及管束可抽出便于安装检修和清洗等优点，因此适用于温差大、壳程与管程压差较大且管子内流体较干净的场合。它的缺点是制作较困难，管程流动阻力较大，管内清洗不便，中心部位管子不易更换，最内层管子弯曲半径不能太小而限制了管板上排列的管子数目等。

浮头式换热器：①管束——由许多无缝钢管用胀接或焊接的方法固定在两端的管板上，它是换热器中进行换热的主要部件，冷热两种流体（在管内流动的称为管程，在管外流动的称为壳程）通过管壁进行传热。②管箱的浮头——管箱与固定管板连接，其作用是分配管程的流体；浮头与活动管板相连接，其作用是把管程和壳程的流体隔开，同时也起分程作用，整个管束可以在壳体自由伸缩。③壳体与头盖——壳体用来约束壳程流体，使其以强制的方式流动，有利于传热，同时对易挥发、易燃油品的换热起密封作用，有利于安全。

5.3.1.1 水冷换热器的投用

① 初始状态确认

(P)—换热器检修验收合格。

(P)—换热器与工艺系统隔离。

(P)—换热器放火炬线隔离。

(P)—换热器放空阀和排凝阀的盲板或丝堵拆下，阀门打开。

(P)—压力表、温度计安装合格。

(P)—换热器周围环境整洁。

② 换热器拆盲板

(P)—确认换热器放火炬阀，冷介质入口、出口阀，热介质入口、出口阀及其他与工艺系统连接阀门关闭。

[P]—拆换热器放火炬线盲板。

[P]—拆换热器冷介质入口、出口盲板。

［P］—拆换热器热介质入口、出口盲板。

［P］—拆其他与工艺系统连线盲板。

③ 换热器置换 用蒸汽置换的换热器：

［P］—蒸汽排凝。

（P）—确认换热器管、壳程高点放空阀，低点排凝阀打开。

（P）—壳程接上蒸汽胶皮管并投用蒸汽。

（P）—壳程放空阀和排凝阀见蒸汽。

［P］—管程接上蒸汽胶皮管并投用蒸汽。

（P）—确认管程放空阀和排凝阀见蒸汽。

［P］—调整管、壳程蒸汽量。

（P）—确认管、壳程置换合格。

［P］—关闭管、壳程放空阀。

［P］—停吹扫蒸汽并撤掉管、壳程蒸汽胶皮管。

［P］—关闭管、壳程排凝阀。

④ 换热器投用

〈P〉—现场准备好随时可用的消防蒸汽带。

〈P〉—投用有毒有害介质的换热器，佩戴好防护用具。

a. 充冷介质。

（P）—确认换热器冷介质旁路阀开。

［P］—稍开换热器冷介质出口阀。

［P］—稍开换热器放空阀（对于不允许外排的介质，稍开密闭放空阀）。

（P）—确认换热器充满介质。

［P］—关闭放空阀（或密闭放空阀）。

b. 投用冷介质。

［P］—缓慢打开换热器冷介质出口阀。

［P］—缓慢打开换热器冷介质入口阀。

［P］—缓慢关闭换热器冷介质旁路阀。

c. 充热介质。

（P）—确认换热器热介质旁路阀开。

［P］—稍开换热器热介质出口阀。

［P］—稍开换热器放空阀（对于不允许外排的介质，稍开密闭放空阀）。

（P）—确认换热器充满介质。

［P］—关闭放空阀（或密闭放空阀）。

d. 投用热介质。

［P］—缓慢打开换热器热介质出口阀。

［P］—缓慢打开换热器热介质入口阀。

［P］—缓慢关闭换热器热介质旁路阀。

5.3.1.2　停用

（1）换热器停用

［P］—打开热介质旁路阀。

［P］—关闭热介质入口阀。

［P］—关闭热介质出口阀。

［P］—打开冷介质旁路阀。

［P］—关闭冷介质入口阀。

［P］—关闭冷介质出口阀。

（2）换热器备用　冷备用：

［P］—关闭热介质出口阀。

［P］—关闭热介质入口阀。

［P］—关闭冷介质出口阀。

［P］—关闭冷介质入口阀。

［P］—拆换热器密闭排凝阀线盲板。

［P］—拆换热器放火炬线盲板。

［P］—拆换热器放空阀、排凝阀丝堵或盲板。

［P］—吹扫蒸汽排凝。

［P］—打开热介质密闭排凝阀或打开放火炬阀。

［P］—接上换热器热介质侧的蒸汽胶皮管。

［P］—打开冷介质密闭排凝阀或打开放火炬阀。

［P］—接上换热器冷介质侧的蒸汽胶皮管。

（P）—确认热介质侧吹扫、置换合格。

［P］—撤掉热介质侧蒸汽胶皮管。

［P］—打开热介质侧排凝阀和放空阀。

（P）—确认冷介质侧吹扫、置换合格。

［P］—撤掉冷介质侧蒸汽胶皮管。

［P］—打开冷介质侧排凝阀和放空阀。

注意：换热器置换时，防止超温、超压；防止烫伤；泄压时，应特别注意防冻凝，严禁有毒有害介质随地排放。

（3）换热器交付检修

［P］—换热器与工艺系统盲板隔离。

［P］—换热器密闭排凝线盲板隔离。

［P］—换热器放火炬线盲板隔离。

[P]—换热器吹扫蒸汽胶皮管撤离。

(P)—确认换热器排凝和放空阀打开，按检修作业票安全规定交付检修。

最终状态确认：

(P)—换热器与工艺系统盲板隔离。

(P)—换热器密闭排凝线盲板隔离。

(P)—换热器放火炬线盲板隔离。

(P)—换热器吹扫、置换蒸汽胶皮管撤离。

(P)—换热器排凝阀、放空阀打开。

5.3.1.3　日常检查与维护

① 检查换热器浮头大盖、法兰、焊口有无泄漏。

② 检查换热器冷介质入口和出口温度、压力。

③ 检查换热器热介质入口和出口温度、压力。

④ 检查换热器保温是否完好。

5.3.2　加热炉操作

5.3.2.1　概况

（1）加热炉构成　加热炉（图 5-3）一般由辐射室、对流室、燃烧器、余热回收系统以及通风系统五部分组成。

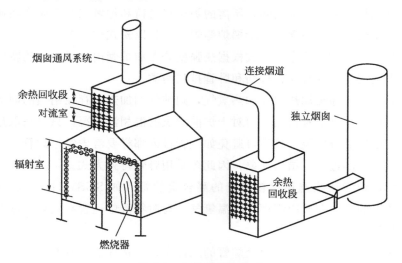

图 5-3　加热炉主要构成

辐射室也称为炉膛，包括风道、炉管和炉管支撑、耐火衬里等。传热方式主要是热辐射，全炉热负荷的 70%～80% 是由辐射室担负的，是全炉最重要的部分。辐射室的作用有两个：可以做燃烧室；通过炉管将燃烧器喷出的火焰、高温油气及炉墙的辐射传热传给介质。

对流室包括遮蔽管、对流管、耐火衬里、管线支撑和挂钩，主要传热方式是对流。对流室一般担负全炉热负荷的 20%～30%，在对流室内的高温烟气以对流的方式将热量传给炉管内的介质，在对流室内也有很小一部分烟气及炉墙的辐射传热。对流室吸热量的比例越大，全炉的热效率越高。

如果一个加热炉只有辐射室而无对流室的话，则排烟温度很高，造成能源浪费，操作费用增加，经济效益降低，因此，加热炉通常都要设置对流室，以便能充分回收烟气中的热量。

燃烧器产生热量，是炉子的重要组成部分。余热回收系统是从离开对流室的烟气中进一步回收余热的部分。通风系统的任务是将燃烧用空气导入燃烧器，并将废烟气引出炉子，它分为自然通风方式和强制通风方式两种。

（2）加氢加热炉的特点及主要形式　加氢加热炉为装置的进料提供热源，是装置中的关键设备。其特点主要有四点：

① 管内被加热的是易燃、易爆的氢气或烃类物质，危险性大；

② 加热方式为直接受火式，使用条件更为苛刻；

③ 必须不间断地提供工艺过程所要求的热源；

④ 所需热源是依靠燃料（气体或液体）在炉膛内燃烧时所产生的高温火焰和烟气来获得的。

对于加氢加热炉来说，根据装置所需的炉子热负荷和加氢工艺反应产物换热流程等特点，主要使用箱式炉、圆筒炉和阶梯炉等炉型，且以箱式炉居多。

在箱式炉中，辐射炉管布置方式根据热强度分布和炉管内介质的流动特性等工艺角度和经济性来确定，主要有立管排列和卧管排列两类。

例如炉后混氢，加氢加热炉仅加热氢气，则纯气相加热不存在结焦的问题，多采用立管形式，这样的炉型节省占地。而对于炉前混氢的混相流情况，只要采取足够的管内流速就不会发生气液分层流，且还可避免如立管排列那样要考虑每根炉管都要通过高温区，很容易引起局部过热、结焦现象，因此多采用卧管排列方式。

材质方面，炉管往往选用比较昂贵的高合金炉管（如 SUS321H、SUS347H 等）。因为加氢加热炉的管内介质中都存在高温氢气，有时物流中还含有较高浓度的硫或硫化氢，将会对炉管产生各种腐蚀。

综合考虑，能充分地利用高合金炉管的表面积，应优先选用双面辐射的炉型。因此最理想的炉型是单排卧管双面辐射炉型。

浩业深度加氢装置加热炉是由 F1001 反应进料加热炉、F1002 分馏塔进料加热炉、空气预热器、余热回收系统等组成的二合一加热炉，属于管式加热炉。

管式加热炉主要是利用燃料在炉膛内燃烧产生的高温火焰和烟气作为热源，来加热炉管中流动的油品，使其达到工艺规定的温度，以供给加工过程所需热量。管式加热炉的换热面是管壁，与其他加热方式相比，有加热温度高、传热能力大、便于操作管理的优点。

（3）主要设计特点

① 炉型：反应进料加热炉采用水平炉管式方形炉、余热回收系统、辐射对流型。

② 炉管材质选用：反应进料加热炉炉管材质为 TP347，辐射段对流段采用 WP5/WP11 材质炉管及 WP5 翅片管以强化传热。

③ 总体设计：F1001 反应进料加热炉、F1002 分馏塔进料加热炉二合一炉，外部加余热回收系统。

④ 燃烧器：F1001 反应进料加热炉辐射室底部安装 9 台方形燃烧器，F1002 分馏塔进料加热炉底部安装 2 台圆形燃烧器、1 台蒸汽圆形燃烧器。

⑤ 炉衬：反应进料加热炉（F1001）辐射段下部炉衬采用耐火砖，上部炉衬采用陶瓷纤维模块复合衬里，对流段及烟囱衬里材料采用轻质耐火浇注料。

⑥ 余热回收系统：高温烟气经下行烟道进入空气预热器与空气换热后经引风机进入独立钢烟囱排空；冷空气由鼓风机进入空气预热器与烟气换热后经主风道分配到加热炉的各个燃烧器供燃烧用风。

5.3.2.2 点火

（1）点火前准备

① 炉子竣工后炉膛内的杂物及炉区周围的易燃物应清扫干净，对施工质量进行一次全面检查并合格。

② 检查火嘴、耐火砖、烟道、鼓风机、引风机等保证处于良好状态。

③ 瓦斯等管线吹扫、试压完毕。

④ 消防蒸汽引至炉前，并准备好临时蒸汽胶带。

⑤ 联系仪表工，检查各种仪表是否好用。

⑥ 点火前，将加热炉人孔、防爆门、看火孔及所有燃料气炉前阀关闭，并调节好炉子烟道风门。

⑦ 引瓦斯至放空，启用瓦斯加热器，并加强瓦斯罐脱水排凝，经采样分析氧含量合格（＜0.5%）处于备用状态后，关闭瓦斯放空阀。

⑧ 准备好点火工具。

（2）加热炉点火

① 氮气吹扫瓦斯管网，使其氧含量小于 0.5%，至高点放空。

② 引燃料气至 V5110，瓦斯气置换氮气去火炬放空，使其氧含量小于 0.5%，氮气含量小于 1%，投用压力控制阀。

③ 投用自然通风门，烟道挡板开度为 1/3，将火嘴风门关小，建立炉膛负压 −10～−20Pa。

④ 燃料气炉前高点放空，先点长明灯，再点主火嘴。

⑤ 炉膛压力稳定后，投用鼓风机，关闭自然通风门，调节炉膛负压至正常值。

5.3.2.3　正常停炉

① 按炉出口温控从自动切换到手动控制；

② 按工艺要求降低炉的出口温度（降低过程可熄部分主火嘴）；

③ 逐个熄灭主火嘴；

④ 熄灭所有长明灯；

⑤ 烟道挡板全开；

⑥ 停鼓风机；

⑦ 关闭燃料气进炉总阀；

⑧ 用蒸汽吹扫燃料气管线。

5.3.2.4　事故停炉

工艺进料不正常，无法维护正常运转；加热炉内发生爆炸或着火；加热炉周围发生爆炸事故或其他原因，使加热炉周围布满可燃物质，要求加热炉熄火时，应立即停炉。

① 立即切断炉所有进料，防止一切可燃物料流进炉内；

② 切断各烧嘴燃料气；

③ 烟道挡板全开；

④ 停运鼓风机；

⑤ 用蒸汽掩护吹扫热炉。

5.3.2.5　加热炉正常操作

（1）燃料气火嘴正常操作调整

① 火嘴熄火

a.燃料空气量大，应关小该火嘴风门。

b.燃料气压力过高，应调节燃料气系统压力。

② 回火　抽力不够，应重新调整炉负压；空气量不足，应增加；瓦斯喷嘴已烧坏，应重新更换；燃烧速度超过了调节范围，应降低速度；燃烧压力大幅度波动，应稳定压力。

③ 拉长的绿色火焰　不正常，一般是空气过量，应减少。

④ 火焰过长、无力、无规则飘动

a.燃烧用空气量不足，应调整风门，直至火焰稳定。

b.若是燃料气过多，应降低燃料气流量。

⑤ 火焰脉动，时着时灭

a.通风不足，应立即降低燃料气量，检查风门和烟道挡板，必要时开大烟道挡板和风门，增加风量（一次风）。

b.燃料气带液，应加强切液。

⑥ 发热量不足

a.若燃料气压力过低，导致流量不足，则增加燃料气流量。

b.若燃料气中氢气含量较高，致使燃料气热值过低，则通知有关单位改善其组成以增加热值。

⑦ 火焰太短

a.空气量太多，应关小风门。

b.燃料气量少，应提高燃料气流量。

（2）炉出口（膛）温度的控制

① 炉出口（膛）温度波动的原因

a.入炉燃料气的温度、流量、性质变化。

b.燃料气压力或性质的变化或燃料气带油。

c.仪表自动控制失灵。

d.外界气候变化。

e.炉膛温度变化。

② 调节方法　为了保持炉出口温度平稳，应该随时掌握入炉原料气的温度、流量和压力的变化情况，密切注意炉子各点温度的变化，及时调节。为了保证出口温度波动在工艺指标范围内，主要调节的措施有：

a.首先要做到四勤：勤看、勤分析、勤检查、勤调节。统一操作方法，提高操作技能。

b.及时、严格、准确地进行"三门一板"的调节，使炉膛内燃烧状况良好。

c.根据炉子负荷大小、燃烧状况，决定点燃的火嘴数，整个火焰高度不大于炉膛高度的 2/3，炉膛各部受热要均匀。

d.保证燃料气压力平稳，严格要求燃料气的性质稳定。

e.在处理量不变、气候不变时，一般情况下调整和固定好炉子火嘴风门和烟道挡板，调节时幅度要小，不要过猛。

f.炉出口（膛）温度在自动控制状态下控制良好时，应尽量减少人为调节过多造成的干扰。

g.进料温度变化时，可根据进料流速情况进行调节。变化较大时，可采用同时调节或提前 1～2min 调节出口温度。

h.提降进料量时，可根据进料流量变化幅度调节，进料量一次变化 1% 时，一般采取同时调节或提前 1～2min 调节炉出口温度；进料量一次变化 2% 时，必须提前调节。

i.炉子切换火嘴时，可根据燃料的发热值、原火焰的长短、原点燃的火嘴数进行间隔对换火嘴。切不可集中在一个方向对换。对换的方法是：先将原火焰缩短，开启对换火嘴的阀门，待对换火嘴点燃后，再关闭原火嘴的阀门。

（3）预防炉管结焦

① 原因

a.火焰不均匀，使炉膛内温度不均匀，造成局部过热。

b. 进料量变化太大或突然中断。

c. 火焰偏舔炉管，造成局部过热。

② 预防措施

a. 保持炉膛温度均匀。

b. 保持进料稳定，进料中断时及时熄火。

c. 调整火焰，做到多火嘴、短火焰、齐火苗、炉膛明亮、火焰垂直、不扑炉管、不产生局部过热区。

d. 保持各路进料量及出口温度均匀。

（4）炉膛温度调节

① 进料量、进料温度的变化。进料量大、进料温度低，则炉膛温度高；进料量小、进料温度高，则炉膛温度低。

措施：调节燃料分压与进料量；进料量大、进料温度低时，适当降低料量，提高进料温度；进料量小、进料温度高时，适当提高进料量，降低进料温度。

② 进料气温度变化。进料气热值变化影响炉膛温度，根据变化调节燃料分压或调节炉进料量。

③ 火焰燃烧变化。火焰燃烧不正常时，调节火焰燃烧情况，使火焰燃烧正常。

④ 炉出口温度变化。炉出口温度高，则炉膛温度高；炉出口温度低，则炉膛温度低。调节燃料分压与炉出口温度，保证炉出口温度不超标。

⑤ 烟道挡板开度与风门开度调节。根据炉膛负压与烟气氧含量适当调节烟道挡板开度与风门开度，控制炉膛温度。

⑥ 炉膛负压调节。炼油工艺加热炉操作时辐射室内应具有负压，强制通风或自然通风加热炉应保持整台加热炉处于负压。要求在辐射室拱形部位负压控制在 $-4mmH_2O$（$1mmH_2O=9.80665Pa$）。

炉的负压大小主要由风门与烟道挡板开度决定。炉膛负压大，应关小烟道挡板或开大火嘴风门；炉膛负压小，应开大烟道挡板或关小火嘴风门。

（5）过剩空气调节　过剩空气系数大小直接影响加热炉热效率。过剩空气的调节与炉膛负压调节密切相关。要获得合适的抽力和过剩空气，烟道挡板与燃烧器调风器应联合调节。调节方法见表 5-7。

表 5-7　烟道挡板与燃烧器调风器的调节

加热炉情况	调节方式
高 O_2 及高负压	关小烟道挡板
低 O_2 及低负压	开大烟道挡板
高 O_2 及低负压	关小风门
低 O_2 及高负压	开大风门

（6）日常巡检和注意事项

① 检查炉内负荷，判断炉管是否有弯曲脱皮、鼓泡、发红发暗等现象，注意弯头、堵头、法兰等处有无漏油。

② 检查火焰燃烧情况、炉出口温度、炉膛温度。

③ 检查燃料气（尤其是低压燃料气）是否带油，燃料油压力是否稳定。

④ 注意炉膛内负压情况，经常检查风门、烟道挡板开度，并根据氧含量分析提供数据进行调整。

⑤ 内外操作员做好联系，掌握炉子进料量变化，做好预先调节。

⑥ 检查消防设备是否齐全，做到妥善保管。

5.3.2.6　常见事故处理

（1）炉管破裂着火

现象：炉膛温度、烟气温度突然上升，烟囱冒黑烟，炉膛看不清；破裂严重时，炉子周围淌油着火，进料泵压力下降。

原因：一般炉管破裂是因为炉管长时间失修，平时发现有炉管膨胀鼓泡、脱皮、管色变黑以致破裂。

① 炉管局部过热：如燃料气带油喷入炉管上燃烧；火嘴不正，火焰直扑炉管。

② 辐射炉管几路中偏流，造成过热。

③ 炉管长时间失修，平时发现有缺陷；炉管材质不好，受高温氧化及油料的腐蚀产生砂眼或裂口。

④ 炉管检修中遗留的质量上的缺陷。

处理方法：

① 如炉管破裂应立即起用自保阀切断燃料，切断所有燃料系统，切断所有工艺介质，用蒸汽吹扫。并及时汇报厂调度、报火警和有关单位。

② 关所有风机及电动机。

③ 用蒸汽吹扫加热炉。

④ 适当关小烟道挡板，减少炉内空气量（但不能关得太小，以防炉膛爆炸）。

⑤ 其他按紧急停工处理。

（2）炉管弯头漏油着火

原因：弯头有砂眼，年久腐蚀，检修质量不好，操作变化大而引起剧烈胀缩等。

处理方法：

① 轻微漏油时立即用蒸汽将火熄灭，并可以用蒸汽掩护，维持生产，根据情况可继续维持生产或停炉。

② 严重漏油时立即打开消防蒸汽灭火，并按紧急停炉处理。

紧急停炉处理：

① 关闭燃料气温控阀及前阀，确认侧线阀关闭。

② 根据现场实际情况，确定是否停长明灯。

③ 关闭炉前两道火嘴手阀。

（3）需要停炉维修的情况

① 工艺进料不正常，无法运转。

原因：

a. 进料管线或泵有故障；

b. 炉管内结焦。

② 炉管严重过热，调整无效。

原因：

a. 进料量不足或各路量不均；

b. 炉管内结焦；

c. 火焰触及炉管。

（4）需要紧急停炉的情况

① 加热炉内发生爆炸或着火。

② 加热炉炉管破裂。

③ 事故处理状态。

④ 工艺要求紧急停运。

⑤ 加热炉事故紧急停炉程序。

（5）鼓风机故障

① 如果各火嘴还未熄灭，则应立即打开热风道快开风门，采取自然通风，根据风量确定加热炉负荷；

② 如果火嘴（包括长明灯）已熄灭，则应立即切断燃料气，并用灭火蒸汽吹扫炉膛，直至烟囱见汽3～5min后，才能重新点火；

③ 如果长时间停炉，应保持工艺介质流通，直到炉温降至180℃为止，然后用蒸汽吹扫炉管，再用氮气置换。

[知识扩展]

（1）加热炉如何分类？

加热炉按外形大致分为：箱式炉、立式炉、圆筒炉、大型方炉。这种划分法是按辐射室的外观形状划分的，而与对流室无关。

加热炉按用途分为：炉管内进行化学反应的炉子、加热液体的炉子、加热气体的炉子和加热气液混相流体的炉子。

（2）空气预热器的作用及常用形式是怎样的？

作用：一是回收利用烟气余热，减少排烟带出的热损失，减少加热炉燃料消耗；二是有助于实行风量自动控制，使加热炉在合适的空气过剩系数范围内运行，减少排烟量，因此减少排烟热损失和对大气的污染；三是整个燃烧器封闭在风壳之内，因而燃烧噪声也减小，同时也有利于高度湍流燃烧的高效新型燃烧器的采用，使炉内传热更趋均匀。

常用形式："冷进料"、热油预热空气、管束式、回转蓄热式（又名再生式）、热管束式等。

常用形式按传热方式分：有间壁换热式和蓄热换热式两种。管壳式和板式预热器属间壁换热式，它们是通过两个固定的隔离壁进行热量传递的。回转式空气预热器属蓄热换热式，它是由转子带动旋转的蓄热面不断经过烟气侧和空气侧，利用蓄热面的吸热和放热将烟气热量传递给空气的。

常用形式按结构分：有管壳式和板式两种。管壳式又分钢管式、玻璃管式、热管式、铸铁翅管式等几种。

（3）防爆门的作用是什么？检修时加热炉防爆门应如何检查？

防爆门的作用是：炉膛压力将防爆门推开泄掉一部分炉内压力，以减轻炉子的损失。在炉子点火开工期间，如果存在燃料瓦斯阀门关不严，或多次点未点着，而使炉膛内存有可燃气体，则在点火中就容易发生爆炸。

但是，有防爆门的炉子，并不能完全避免在炉内发生爆炸后炉体不受损失。应该严格执行操作规程，在点火前及时用蒸汽吹扫炉膛，在点火时如未点着也必须及时吹扫，这是防止炉内爆炸的最根本最有效的防爆措施。

（4）什么叫理论空气用量、实际空气用量？

燃料由可燃元素碳、氢、硫等组成，其燃烧是一个完全氧化的过程。1kg碳、氢或硫在氧化反应过程中所需氧量是不同的。供燃烧用的氧气来自空气。因空气中含氧量是一个常数［21%（体积分数）］，燃烧的理论空气用量是指根据燃料组成，计算出燃烧1kg燃料所需的空气量理论值，单位为 kg 空气/kg 燃料。

燃料的实际空气用量：在实际燃烧中，由于空气与燃料的均匀混合不能达到理想的程度，为使1kg燃料达到完全燃烧，实际所供空气量比理论空气量稍多一些，即要过剩一些，单位仍为 kg 空气/kg 燃料。

（5）什么叫过剩空气系数？烟气中氧含量大小对加热炉热效率有何影响？

过剩空气系数：通常以 α 表示，是实际空气量和理论空气量的比值，即实际空气量/理论空气量，表示了空气的过剩程度。炼厂加热炉根据燃料种类、火嘴形式及炉型的不同，实际空气用量与理论上最少的空气用量不同，要保证燃料正常完全燃烧，入炉的实际空气量要大一些，这是因为燃料和空气的混合不能十分完全。

过剩空气系数太小，燃料燃烧不完全，浪费燃料，甚至会造成二次燃烧；但过剩空气系数太大，入炉空气太多，炉膛温度下降，传热不好，烟道气量多，带走热量多，也浪费燃料，而且炉管容易氧化剥皮。

［知识探究］

（1）试述油火嘴火焰的辨别及调节方法。

① 橙黄色：正常。

② 白色：不正常。原因及调节：a.空气过量，应减小；b.压差过大造成蒸汽过量或油孔堵塞造成油量不足，应降低压差或卸下燃烧器喷枪清洗。

③ 红色：不正常。原因及调节：a.空气量不足，应开大风门；b.蒸汽量小（即燃料油压力大于雾化蒸汽、孔堵塞），应及时调节汽油比或清洗喷枪。

④ 熄灭：不正常。原因：a.油中混有冷凝水或杂物；b.调节一次或二次风门过猛；c.蒸汽中混有冷凝水；d.蒸汽量过大。

⑤ 回火：不正常。原因：a.二次风操作不当；b.紧急地操作燃烧阀并很快点大；c.烧嘴熄灭一段时间后又重新自动点着；d.炉子负荷过大，烟道挡板开得过小，抽力不够。

⑥ 雾化不好：不正常。原因：a.油孔堵塞，应拆卸清洗；b.蒸汽或燃料压力变化；c.燃料油太重，温度低，黏度大。

⑦ 火盒砖上有油滴或积炭：不正常。原因：a.喷雾零件连接处未拧紧滴油，应紧固；b.风量不足，应增加二次风量；c.蒸汽或燃料压力变化，雾化不好；d.蒸汽中含有冷凝水，影响雾化；e.油温过低，应调高。

（2）为什么烧油要用雾化蒸汽？其量多少有何影响？

使用雾化蒸汽的目的，是利用蒸汽的冲击和搅拌作用，使燃料油成雾状喷出，与空气得到充分的混合而达到燃烧完全。

雾化蒸汽量必须适当。过少时，雾化不良，燃料油燃烧不完全，火焰尖端发软，呈暗红色；过多时，火焰发白，虽然雾化良好，但易缩火，破坏正常操作。雾化蒸汽不得带水，否则火焰冒火星、喘息，甚至熄火。

（3）加热炉系统有哪些安全、防爆措施？

为确保加热炉的安全运转，主要安全、防爆措施有：①在炉膛中设有蒸汽吹扫线，供点火前吹扫膛内可燃物；②在对流室管箱里设有消防灭火蒸汽线，一旦弯头漏油或起火时供掩护或灭火之用；③在炉用瓦斯线上设阻火器以防回火起爆；④在燃气的炉膛内设长明灯，以防因仪表等故障断气后再进气时引起爆炸；⑤在炉体上根据炉膛容积大小，设有数量不等的防爆门，供炉膛突然升压时泄压用，以免炉体爆坏。

5.3.3　反应器

加氢裂化反应器是进行加氢裂化反应的场所，见图5-4，由筒体和内构件组成。筒体分冷壁和热壁两种结构。冷壁式反应器制造成本较低，但在介质冲刷、腐蚀和温度波动中易损坏，维修费用高，其有效容积利用率（反应器中催化剂装入体积与反应器容积之比）为50%～65%。同冷壁反应器比较，热壁反应器因器壁相对不易产生局部过热现象，从而可提高使用的安全性；可以充分利用反应器的容积（其有效容积利用率可达80%～90%），施工周期较短，生产维护较方便。所以目前多采用热壁结构的筒体。但

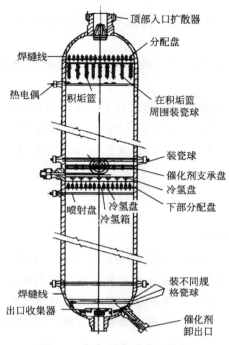

顶部入口扩散器

分配盘

焊缝线

热电偶

积垢篮

在积垢篮周围装瓷球

装瓷球

催化剂支承盘

冷氢盘

下部分配盘

喷射盘

冷氢盘

冷氢箱

装不同规格瓷球

焊缝线

出口收集器

催化剂卸出口

图 5-4　加氢裂化反应器结构

热壁反应器对钢材要求比较高，因为"热壁"是在较苛刻的条件下运转的。

反应器内构件是反应器系统的重要组成部分，同加氢催化剂和加氢工艺一样，三者构成反应器性能三因素。反应器内构件有入口扩散器、顶部分配盘、冷氢箱、再分配盘和出口收集器等。热电偶套管位于筒体侧面。每个催化剂床层的催化剂卸出口设在床层的底部筒体上，底部床层催化剂卸料口设在底封头上。

① 入口扩散器——实现物料初步扩散，防止物料直接冲击下方分配盘。

② 顶部分配盘——可以使进料充分混合，均匀地分布到催化床层的顶部，保证物料与催化剂充分接触，提高反应效果。

③ 积垢篮——不锈钢丝网做成的圆筒状的篮筐，三个一组，呈三角形排列，用链条连在一起。积垢篮的一部分埋在催化剂里，周围装瓷球。其作用是防止污染催化剂，捕集进料带进来的机械杂物（如铁锈等）；扩大反应物的流通面积，避免过分增加压降，从而可保证较长的开工周期。目前新制造的反应器逐步开始取消积垢篮。

④ 催化剂支承栅——支承上催化床层。其支梁做成倒"丁"形，截面呈锥形，可以最大限度地增大因支梁所减小的催化床层的流率面积。

⑤ 冷氢箱和冷氢管——床层下来的反应物料，在此与冷氢混合。冷氢管是一根不锈钢管，内有隔板，冷氢分两路从开口排出，它的作用是导入冷氢、取走反应热、控制

反应温度。

⑥ 下部分配盘（再分配盘）——作用和上分配盘一样，把物料均匀分布到第二床层。

⑦ 出口收集器——作用是支承下催化剂床层和导出反应物料，并阻止瓷球及催化剂的跑损。

⑧ 热电偶——作用是测量反应器床层各点温度，给操作和控制提供依据。

浩业深度加氢装置共有反应器四个，均为固定床反应器，分别为预加氢反应器（R1001）、加氢精制反应器Ⅰ（R1002）、加氢精制反应器Ⅱ（R1003）、加氢裂化反应器（R1004）。

［知识扩展］

（1）反应器的类型有哪些？

加氢裂化反应器有固定床反应器、沸腾床反应器、浆液床反应器（或悬浮床反应器）和移动床反应器。这四种反应器分别应用于不同的加氢工艺，操作条件不同。

固定床反应器：反应过程中，反应物流经反应器的催化剂床层时，固定床反应器的催化剂床层保持静止不动。按反应物料流动状态不同，固定床反应器又分为鼓泡床、滴流床和径向床反应器。

① 鼓泡床反应器中，气体与液体混合充分，温度分布均匀。它适用于少量气体和大量液体的反应及温度敏感反应的进行。

② 滴流床反应器在石油加氢装置中大量应用，适用于多种气-液-固三相反应。

③ 径向床反应器在催化重整、异构化等石油化工流程中应用较多，适用于气-固反应过程。

沸腾床反应器：在石油加氢工业中除固定床以外，沸腾床反应器应用最多；可以加工杂质含量高、劣质的原料，主要用于劣质渣油加氢过程。

浆液床反应器（悬浮床反应器）：应用于渣油加氢或煤液化装置；反应器中催化剂为细小颗粒，与油、氢混合物形成气、固、液三相浆液态反应体系，反应后催化剂同反应产物一同流出反应器，不重复利用。

移动床反应器：应用于渣油加氢装置；可以实现催化剂的在线更新，保证了反应器内催化剂的活性，是在固定床反应器基础上开发应用的反应器。

（2）加氢裂化反应器结构设计需要满足的条件有哪些？

① 要求反应器必须能及时导出反应过程中所产生的大量反应热（加氢裂化反应总的是放热反应），尽可能做到反应器的恒温操作，可以根据需要灵便地调节床层温度。

② 要求设计结构合适、分配均匀的气液分配器（加氢裂化是个混相反应），保证油、气、催化剂良好接触，更好地发挥催化剂的作用。

③ 要保证催化剂能顺利地装卸。

5.3.4　分离器

加氢裂化工艺的分离器（图 5-5）一般都是重力式分离器，利用液体和气、固密度的不同而受到重力的不同来实现分离。重力式分离器根据功能可分为两相分离（气、液分离）和三相分离（油、气、水分离）；按形状又可分为立式分离器、卧式分离器。

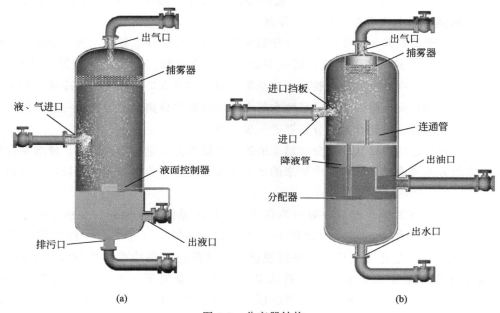

图 5-5　分离器结构

分离原理：气、液混合流体经气、液进口进入分离器进行基本分离，气体进入气体通道通过整流和重力沉降，分离出液滴；液体进入液体空间分离出气泡，同时在重力条件下，油向上流动、水向下流动得以油水分离。气体在离开分离器之前经过捕雾器除去小液滴后从出气口流出，油从排油口流出，水从排水口流出。

浩业深度加氢装置设有四个主要分离器，分别为热高压分离器、热低压分离器、冷高压分离器和冷低压分离器。其中热高压分离器和热低压分离器属于立式分离器，分离气、液两相。冷高压分离器属于立式分离器，冷低压分离器属于卧式分离器，分离油、气、水三相。

加氢装置中的高压分离器要实现气、液两相分离有合适的气相分离空间和充分的液相停留时间。立式热高压分离器的内部构件比较简单，通常仅在气相或气体出口处设置丝网除沫器。而立式冷高压分离器除在气相出口处设置丝网除沫器外，为使液相中的油和水在较小的分离空间内能较快地沉降分离，通常还在液相部分设置丝网聚液器。

高压分离器的主要作用是把反应物进行气、液两相分离和油、水分离，充分利用氢气资源循环使用。

热高压分离器的操作温度较高，操作压力又与反应器基本相同。它有三个目的：一是降低高压空冷负荷，充分利用能量将高温热油直接送到分馏系统，降低能量损失；二是避免重稠环芳烃在高压空冷过程中析出，降低冷却效果；三是使操作温度高于氯化铵的结晶温度，避免氯化铵阻塞管路等。热高压分离器顶一般不设安全阀，顶部高温气体经过换热、冷却送至冷高压分离器。一般在热高分气第一台换热器和高压空冷前设除盐水注入点，防止铵盐结晶阻塞管路，影响循氢机的正常运行。热高分油送到热低压分离器进行进一步分离。

冷高压分离器的操作温度较低，操作温度过高不利于循环氢脱硫，携带烃类导致胺液发泡，严重时出现循环氢带液，影响循氢机的安全运行。冷高压分离器内进行气、油、水三相分离，冷高分气经过脱硫后送至循环氢压缩机入口循环使用。冷高压分离器顶一般设至少两台安全阀。冷高分酸性水与冷低压分离器分离出的酸性水一起送到污水处理单元。冷高分油送到冷低压分离器进一步分离。

低压分离器是用来将从高压分离器来的油在较低压力下进行二次分离，使溶解在油中的气体组分充分逸出，同时油中带来的水分亦可在此进一步沉降分离，以保证分馏正常操作。

热低压分离器的操作温度一般与热高压分离器的操作温度相同。在热低压分离器中只进行气、液两相分离，反应过程中生成的水随热低分气排出。一般热低分气冷却后与冷低分气一起送至脱硫系统进行脱硫。在热低分气空冷或水冷前设注水措施，防止氯化铵和硫氢化铵结晶阻塞，造成热低压分离器超压（热低压分离器无安全阀），因此日常巡检应对热低压分离器的压力有足够的重视。热低分油直接送至分馏系统。

冷低压分离器的操作温度一般与冷高压分离器的操作温度相同。在冷低压分离器中进行油、气、水三相分离。分离出的冷低分气送至脱硫系统，分离出的酸性水则送至污水汽提处理单元，冷低分油经过换热送至分馏系统。为防止超压，冷低压分离器顶设有至少两组安全阀。

[知识扩展]

（1）分离器可以按工作压力分为哪几类？

真空分离器<0.1MPa；低压分离器<1.5MPa；中压分离器 1.5～6MPa；高压分离器>6MPa。

（2）如何投用反应高压空冷器，应注意什么？

首先检查电动机是否送电，如遇装置开工，还要检查反应流出物空冷器停运按钮是否复位，在启动电动机前还应先盘车，检查其转动是否正常。投用高压空冷器后，应检查各路分支温度是否一致，若出现偏流现象应及时处理。运行的空冷风机应尽可能保持均匀分布。对于单台空冷器检修后投用，应尽快投用注水，防止铵盐析出影响冷却效果和流通量，避免加剧设备的腐蚀。一般易发生腐蚀部位是形成湍流区弯头等处，若有 Cl^- 及氧气的存在，会加速腐蚀。腐蚀的速度与介质的流速也有关系，速度过慢，腐蚀介质易集存加剧腐蚀；流速过快，冲刷与 NH_4HS 共同作用也会加剧腐蚀。因此要选择合适的流速而且一定要避免偏流，在投用时就应注意。碳钢内介质流速为 $4.3 \sim 6.1m/s$。

5.3.5 塔设备

5.3.5.1 精馏塔

蒸馏是分离液体均相混合物的单元操作。通过加热造成气、液两相体系，利用液体混合物中各组分挥发性不同而达到分离的目的。同时多次进行部分汽化和多次部分冷凝，使混合液得到较完善分离的单元操作。一个完整的精馏塔包括三部分，即精馏段、进料段和提馏段，根据使用要求不同，有的塔没有精馏段，有的塔没有提馏段。

根据塔内气液接触部件的结构形式，可将塔设备分为如下两大类：

板式塔：塔内沿塔高装有若干层塔板，相邻两板有一定的间隔距离（图 5-6）。塔内气、液两相在塔板上互相接触，进行传热和传质，属于逐级接触式塔设备。板式塔由圆柱形壳体、塔板、气体和液体进出口等部件组成。国内常减压蒸馏装置常使用浮阀、筛板、圆形泡罩、槽形、舌形、浮舌、浮动喷射、网孔、斜孔等形式的塔板。

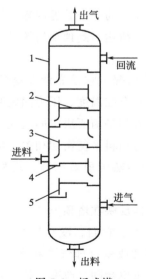

图 5-6 板式塔

1—塔体；2—塔板；3—溢流堰；
4—受液盘；5—降液管

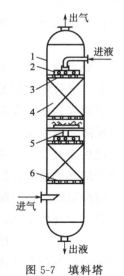

图 5-7 填料塔

1—塔体；2—液体分布器；3—填料压紧装置；
4—填料层；5—液体再分布器；6—支承装置

填料塔：塔内装有填料，气、液两相在被润湿的填料表面进行传热和传质，属于连续接触式塔设备（图 5-7）。其结构及特点如下：

① 结构简单，便于安装，小直径的填料塔造价低。

② 压力降较小，适合减压操作，且能耗低。

③ 分离效率高，用于难分离的混合物，塔高较低。

④ 适于易起泡物系的分离，因为填料对泡沫有限制和破碎作用。

⑤ 适用于腐蚀性介质，因为可采用不同材质的耐腐蚀填料。

⑥ 适用于热敏性物料，因为填料塔持液量低，物料在塔内停留时间短。

⑦ 操作弹性较小，对液体负荷的变化特别敏感。当液体负荷较小时，填料表面不能很好地润湿，传质效果急剧下降；当液体负荷过大时，则易产生液泛。

⑧ 不宜处理易聚合或含有固体颗粒的物料。

5.3.5.2 精馏三大平衡

精馏塔的操作应掌握物料平衡、气液相平衡和热量平衡。

物料平衡：单位时间内进塔的物料量应等于离开塔的诸物料量之和。物料平衡体现了塔的生产能力，它主要是靠进料量和塔顶、塔底出料量来调节的。操作中，物料平衡的变化具体反映在塔顶液面上。当塔的操作不符合总的物料平衡时，可以从塔压差的变化上反映出来。例如进得多、出得少，则塔压差上升。对于一个固定的精馏塔来讲，塔压差应在一定的范围内。塔压差过大，塔内上升蒸汽的速度过大，雾沫夹带严重，甚至发生液泛而破坏正常的操作；塔压差过小，塔内上升蒸汽的速度过小，塔板上气、液两相传质效果降低，甚至发生漏液而大大降低塔板效率。物料平衡掌握不好，会使整个塔的操作处于混乱状态，因此掌握物料平衡是塔操作中的一个关键内容。如果正常的物料平衡受到破坏，它将影响另两个平衡，即气液相平衡达不到预期的效果，热平衡也被破坏而需重新予以调整。

气液相平衡：主要表现了产品的质量及损失情况。它是靠调节塔的操作条件（温度、压力）及塔板上气液接触的情况来达到的。只有在温度、压力固定时，才有确定的气液相平衡组成。当温度、压力发生变化时，气液相平衡所决定的组成就发生变化，产品的质量和损失情况随之发生变化。气液相平衡与物料平衡密切相关，物料平衡掌握好了，塔内上升蒸汽速度合适，气液接触良好，则传热传质效率高，塔板效率亦高。当然，温度、压力也会随着物料平衡的变化而改变。

热量平衡：进塔热量和出塔热量的平衡，具体反映在塔顶温度上。热量平衡是物料平衡和气液相平衡得以实现的基础，反过来又依附于它们。没有热的气相和冷的回流，整个精馏过程就无法实现；而塔的操作压力、温度改变（即气液相平衡组成改变），则每块塔板上气相冷凝的放热量和液体汽化的吸热量也会随之改变，体现在进料供热和塔顶取热发生变化上。

掌握好物料平衡、气液相平衡和热量平衡是精馏操作的关键所在，三种平衡之间相互影响、相互制约。在操作中通常是以控制物料平衡为主，相应调节热量平衡，最终达到气液相平衡的目的。

　　要保持稳定的塔底液面的平衡，必须保证：①进料量和进料温度稳定；②顶回流、循环回流各中段量及温度稳定；③塔顶压力稳定；④汽提蒸汽量稳定；⑤原料及回流不带水。只要密切注意塔顶温度、塔底液面，分析波动原因，及时加以调节，就能掌握塔的三种平衡，保证塔的正常操作。

第6章

装置巡检

6.1 深度加氢装置巡检点

深度加氢装置巡检点见表 6-1。

表 6-1 深度加氢装置巡检点

岗位	巡检位置	巡检内容	巡检时间	个数
车间	压缩机	注油器滴油每分钟 7～10 滴,进出口压力温度、电动机运转情况、轴承温度,循环水是否畅通,高位水箱液位、润滑油液位、气阀声音及温度有无异常	8:00～22:00	5
	反应高温区	液位、界位、压力、各法兰是否有渗漏情况		
	注水泵	机泵振动、轴承温度、润滑油液位、出口压力、电动机电流、循环水是否畅通、机封泄漏、备机状态		
	进料泵	机泵振动、轴承温度、润滑油液位、出口压力、电动机电流、循环水是否畅通、机封泄漏、备机状态		
	加热炉	火焰燃烧状态、燃料气压力、火嘴情况、负压情况、各看火窗状态		
班长	循环氢脱硫区	油站水站出口压力、轴承温度、润滑油液位、循环水是否畅通、油温油压、过滤器压差、电动机振动	两个小时一次,接班后半小时	8
	新氢水站	机泵振动、轴承温度、润滑油液位、出口压力、电动机电流、循环水是否畅通、机封泄漏、备机状态		
	压缩机	机泵振动、轴承温度、润滑油液位、出口压力、电动机电流、循环水是否畅通、机封泄漏、备机状态		
	进料泵	机泵振动、轴承温度、润滑油液位、出口压力、电动机电流、循环水是否畅通、机封泄漏、备机状态		
	反应高温区	液位、界位、压力、各法兰是否有渗漏情况		
	注水泵	机泵振动、润滑油液位、出口压力、轴承温度、循环水是否畅通、机封泄漏、备机状态		

续表

岗位	巡检位置	巡检内容	巡检时间	个数
班长	加热炉	火焰燃烧状态、燃料气压力、火嘴情况、负压情况、各看火窗状态	两个小时一次，接班后半小时	8
	循氢水站	机泵振动、润滑油液位、出口压力、轴承温度、循环水是否畅通、机封泄漏、备机状态		
反应	压缩机	机泵振动、轴承温度、润滑油液位、出口压力、电动机电流、循环水是否畅通、机封泄漏、备机状态	整点到半点半小时	7
	新氢水站	机泵振动、轴承温度、润滑油液位、出口压力、电动机电流、循环水是否畅通、机封泄漏、备机状态		
	循氢水站	机泵振动、轴承温度、润滑油液位、出口压力、电动机电流、循环水是否畅通、机封泄漏、备机状态		
	压缩机级间换热区	液位、界位、压力、各法兰是否有渗漏情况		
	进料泵	机泵振动、轴承温度、润滑油液位、出口压力、电动机电流、循环水是否畅通、机封泄漏、备机状态		
	注水泵	机泵振动、轴承温度、润滑油液位、出口压力、电动机电流、循环水是否畅通、机封泄漏、备机状态		
	加热炉	火焰燃烧状态、燃料气压力、火嘴情况、负压情况、各看火窗状态		
分馏	公用区	各法兰有无渗漏、压力表是否正常、管线是否有振动与位移情况	半点到整点	6
	一号管廊泵区	机泵振动、轴承温度、润滑油液位、出口压力、电动机电流、循环水是否畅通、机封泄漏、备机状态		
	分馏平台	各罐液位、各个法兰是否有渗漏情况、周围是否有异味、各个污油泵是否备用状态		
	尾油换热区	机泵振动、润滑油液位、出口压力、轴承温度、机封泄漏、备机状态		
	原料换热区	各罐液位、各个法兰是否有渗漏情况、周围是否有异味、各个污油泵是否备用状态		
	加热炉	火焰燃烧状态、燃料气压力、火嘴情况、负压情况、各看火窗状态		
高点	分馏框架	各法兰有无渗漏、压力表是否正常、管线是否有振动与位移情况	8:00～22:00车间和班长每天各一次	4
	反应器框架	各法兰有无渗漏、压力表是否正常、管线是否有振动与位移情况		
	高压空冷平台	各法兰有无渗漏、压力表是否正常、管线是否有振动与位移情况		
	紧急泄压平台	各法兰有无渗漏、压力表是否正常、管线是否有振动与位移情况		

6.2 巡检规定

6.2.1 新氢压缩机区巡检内容及处理方法

6.2.1.1 巡检内容

(1) 各级排气温度是否在工艺指标内。

(2) 注油器投用每分钟 8～10 滴。

(3) 现场巡检报警仪检测正常。

(4) 各级压力和压缩比正常。

(5) 无级变量的油压油位。

(6) 压缩机的油位和油温。

6.2.1.2 处理方法

(1) 带测温枪，每小时内操做记录，发现异常立即上报。

(2) 自行调节，若处理不了应联系班长或机修。

(3) 报警仪随身携带，发现异常立即上报。

(4) 现场检查各级压力，和主控对比。

(5) 保持油位在 2/3 以上，油压为 11～12MPa。

(6) 保持压缩机油位在 2/3 以上，油温在 27℃以上。

6.2.2 循环氢压缩机区巡检内容及处理方法

6.2.2.1 巡检内容

(1) 各级排气温度是否在工艺指标内。

(2) 注油器投用每分钟 8～10 滴。

(3) 现场巡检报警仪检测正常。

(4) 各级压力和压缩比正常。

(5) 无级变量的油压油位。

(6) 压缩机的油位和油温。

6.2.2.2 处理方法

(1) 带测温枪，每小时内操做记录，发现异常立即上报。

(2) 自行调节，若处理不了应联系班长或机修。

(3) 报警仪随身携带，发现异常立即上报。

(4) 现场检查各级压力，和主控对比。

(5) 保持油位在 2/3 以上，油压为 11～12MPa。

(6) 保持压缩机油位在 2/3 以上，油温在 27℃以上。

6.2.3　压缩机水站巡检内容及处理方法

（1）备用机和水站补水线冬季做好防冻凝措施。

（2）每周对水站的水进行一次置换。

6.2.4　压缩机房外管廊巡检内容及处理方法

6.2.4.1　巡检内容

（1）有无泄漏。

（2）管线有无颤动。

（3）管托处的石棉垫是否磨穿。

6.2.4.2　处理方法

发现异常立即报告班长。

6.2.5　热高区巡检内容及处理方法

6.2.5.1　巡检内容

（1）现场有无跑冒滴漏，仪表风是否足压。

（2）切断阀处巡检重点。

（3）各阀门和法兰口有无泄漏。

（4）现场液位和主控对比报数，防止出现仪表假液位。

6.2.5.2　处理方法

（1）发现跑冒滴漏立即处理。仪表风问题联系仪表。

（2）制订泄漏处置方案并全员学习。

（3）认真巡检，发现问题立即上报。

（4）每小时和主控对下液位并记录。

6.2.6　高压换热器区巡检内容及处理方法

6.2.6.1　巡检内容

（1）管线有无颤抖，石棉垫磨损情况。

（2）浮头处有无渗油。

（3）有无高温裸露部位。

6.2.6.2　处理方法

发现后立即联系班长处理。

6.2.7　反应器区巡检内容及处理方法

6.2.7.1　巡检内容

（1）管线有无颤抖，石棉垫磨损情况。

（2）法兰口处有无渗油。

（3）有无高温裸露部位。

6.2.7.2　处理方法

发现后立即联系班长处理。

6.2.8　加热炉区巡检内容及处理方法

6.2.8.1　巡检内容

（1）炉子火嘴是否积炭。

（2）管线是否颤抖。

（3）带报警仪查看现场有无可燃气体泄漏。

（4）进出料管线的法兰口渗漏的情况。

6.2.8.2　处理方法

（1）发现积炭立即处理，调整进风量。

（2）联系班长上报车间。

（3）查找漏点立即处理。

（4）制订处理方案，全员学习。

6.2.9　高压空冷区巡检内容及处理方法

6.2.9.1　巡检内容

（1）空冷电动机或轴承有无异常声响。

（2）空冷皮带是否松动。

（3）护罩螺钉是否松动。

（4）管束堵头是否泄漏。

6.2.9.2　处理方法

（1）每3个月对空冷轴承加注一次润滑脂。

（2）联系机修处理。

（3）紧固。

（4）按时巡检，发现异常进行汇报，制订处理方案。

6.2.10　加氢进料泵巡检内容及处理方法

6.2.10.1　巡检内容

（1）密封是否漏油。

（2）电动机是否超温。

（3）有无异常声响。

（4）辅助油罐和润滑油油压。

6.2.10.2 处理方法

（1）联系机修处理。

（2）切机。

（3）确定原因，切机。

（4）联系班长立即处理。

6.2.11 注水泵巡检内容及处理方法

6.2.11.1 巡检内容

（1）最小流量线。

（2）泵出口压力。

（3）进出口管线颤抖情况。

6.2.11.2 处理方法

（1）最好不投用。

（2）出口压力不得小于系统压力。

（3）颤抖要在允许范围内，若有增大立即联系班长进行调节。

6.2.12 泵区巡检内容及处理方法

6.2.12.1 巡检内容

（1）高温泵。

（2）含毒泵。

（3）各法兰处。

6.2.12.2 处理方法

（1）高温泵附近配备灭火器，密封处增加护板。

（2）巡检时带报警仪，出现泄漏立即戴呼吸器处理。

（3）制订泄漏处理预案。

第7章

深度加氢装置操作及控制

7.1 反应部分操作及控制

7.1.1 反应系统操作原则

① 加氢装置处理的为放热的加氢反应，在事故处理、开工或正常操作时应遵循先降温后降量、先提量后提温的原则。

② 内在操作中应进行小幅度多次的调整，每次调整应等稳定后进行下一次调整，任何一个调整都应遵循相关操作规程、工艺卡片和事故预案。

③ 对产生非正常工况的原因要正确分析、及时处理，不得因误操作使事态扩大，尽量减小影响范围，减少事故损失，做到不蔓延、不跑串、不超温、不超压。

④ 装置危及人身安全，反应器床层任何温度达到420℃或超过正常操作温度28℃，并且有继续上升趋势时，当班班长有权做紧急泄压处理并立即汇报车间管理人员及当班生产调度。

⑤ 所有操作人员都必须了解装置保护联锁系统的原理和动作情况，在发生事故时能熟练、及时、准确地使用。在常规操作中，所有安全自保联锁系统应投用。

⑥ 在发生装置重大泄漏、着火或者任何导致装置安全运转受到严重威胁和破坏的情况时，当班班长在汇报车间管理人员及生产调度后有权做紧急泄压处理。

⑦ 在出现各种事故时，内操人员应及时通知生产调度、仪表、电气、设备、车间管理等相关人员。出现问题及时向相关人员汇报，争取把事故消灭在萌芽状态。

⑧ 外操在运检中发现问题应及时向班长汇报，争取当班问题当班解决。内、外操应经常联系和沟通，共同保证装置安全稳定运行。

⑨ 外操在现场操作时，应首先和内操联系，等内操发出指令后，才能进行操作，操作中内、外操应加强联系，内操应在外操操作前，将相关调节阀调节器打到手动位置，避免大的波动。

反应系统流程见图 7-1。

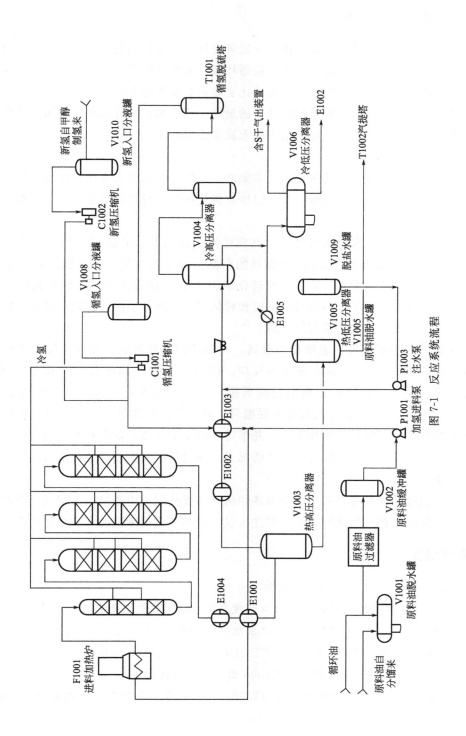

图 7-1 反应系统流程

7.1.2 操作因素分析

反应系统的目的是在一定温度、一定氢分压、有催化剂的条件下，使原料油反应生成所需要的产物，并在冷高分系统中使循环氢与生成油得以分离。反应温度、空速和氢分压是反应系统的主要操作条件，氢油比也是影响操作的主要因素。

精制床层的目的是：脱除原料油中的金属、硫、氮、氧等杂质，确保产品合格。

裂化床层的目的是：将原料油中的重质油变成轻质油。

7.1.2.1 温度

反应温度是加氢过程的主要工艺参数之一。加氢裂化装置在操作压力、体积空速和氢油体积比确定之后，通过调节反应温度对转化深度进行控制就是最灵活、有效的调控手段。

反应温度与转化深度两者之间具有良好的线性关系：增加 10% 的转化率，反应温度提高约 4℃。同时随转化率的提高目的产品的分布发生变化，石脑油的收率持续增加。而柴油收率开始为缓慢增加，在转化率为 60% 时达最大值。这时石脑油的产率快速增加，这充分说明了在高的反应温度和转化率下烃类分子的二次裂解增加，减少了中间馏分油的产率，柴油产率开始下降。

加氢裂化的平均反应温度相对较高，精制段的加氢脱硫、加氢脱氮及芳烃加氢饱和及裂化段的加氢反应都是强放热反应。因此，有效控制床层温升是十分重要的。一般用反应器入口温度控制精制反应器第一床层的温升；采用床层之间的急冷氢量调节下部床层的入口温度控制其床层温升，并且尽量控制各床层的入口温度相同，使之达到预期的精制效果和裂化深度，并维持长期稳定运转，以有利于延长催化剂的使用寿命。在催化剂生焦积炭缓慢失活的情况下，通过循序渐进地提温，是行之有效的控制操作方法。

床层温度的控制通过调节反应加热炉出口温度控制反应器第一床层的反应温度；其他反应床层通过调节催化剂床层冷氢注入量，控制催化剂床层温升在合理的范围内。

[典型操作]

（1）加热炉 F1001 出口温度控制

① 控制目标。加热炉 F1001 出口温度 TIC10508 正常波动范围：±1℃。

② 控制范围。加热炉 F1001 出口温度 TIC10508 控制在 295～337℃。

③ 相关参数。循环氢流量 FT11303、进料量 FIC10403、入炉燃料气压力 PIC10505、热高分气/混氢换热器 E1006 出口温度 TIC10901。

④ 控制方法。加热炉出口温度 TIC10508 控制与主火嘴燃料气阀后压力 PIC10505 串级控制。

⑤ 正常操作：

控制参数	调节方法
加热炉出口温度	加热炉出口温度高,则减小燃料气流量;加热炉出口温度低,则增加燃料气流量

（2）反应器入口温度控制

① 控制目标。反应器第一床层入口温度 TI10601 正常波动不超过±1℃。

② 控制范围。反应器第一床层入口温度 TI10601 控制在 295～337℃。

③ 相关参数。加热炉出口温度 TIC10508、加热炉入口温度 TIC10805。

④ 控制方法。R1001 反应器第一床层入口温度的控制是通过调节 F1001 出口温度来实现的（正常调节幅度要小，勤调微调，一般一次调整不超过 0.5℃，并且注意反应器第一床层的温升变化）。

⑤ 正常操作：

控制参数	调节方法
反应器入口温度	反应器入口温度高,则减小燃料气流量;反应器入口温度低,则增加燃料气流量

（3）反应器床层温度控制

① 控制目标。反应器床层各温度控制点波动不超过±1℃。

② 控制范围。反应器床层任意一点温度不能超过 395℃。

③ 相关参数。各床层入口冷氢流量。

④ 控制方法。反应器每个床层温度、温升的控制是通过调节床层入口温度来实现的，而入口的温度是通过调节进入到每个床层入口处冷氢流量来控制的。在反应器每个床层的入口处，在同一平面上设有 3 个温度测量点 A～C，选择中间一个作为控制值。温度的输出信号给冷氢流量控制阀通过调节进入床层入口的冷氢流量来控制温度（调整床层温度设定值幅度要小；冷氢调节阀的开度要保持在 0～50%之间；尽可能保持各床层入口温度均衡）。

⑤ 正常操作：

控制参数	调节方法
各反应器床层温度	反应器第一床层温度高,则减小燃料气流量;反应器第一床层温度低,则增加燃料气流量;其余床层温度通过冷氢开度来调整

7.1.2.2　氢分压

反应压力是加氢裂化工艺过程中的重要参数，反应压力越高对加氢裂化工艺过程化学反应越有利。在加氢过程中，有主要意义的不是总压力，而是氢分压。提高反应压力，在循环氢浓度不变的情况下，即提高了氢分压。

① 对受热力学平衡限制的芳烃加氢反应，压力的影响尤为明显。

② 对于加氢脱硫和烯烃的加氢饱和反应，在压力不太高时就可以达到较高的转化深度。

③ 而对于馏分油的加氢脱氮，由于比加氢脱硫困难，因此需要提高压力。脱氮反应需要先进行杂环的加氢饱和，而提高压力可显著地提高芳烃的加氢饱和反应速度。

④ 对于气-液相加氢裂化反应来说，反应压力越高，氢分压也越高，反应速度越快，总的转化率也越高。

⑤ 在转化深度接近的条件下，无论是重石脑油、煤油还是柴油产品，其芳烃含量都随反应压力提高而下降，煤油烟点提高。

⑥ 一般来说，原料越重，所需反应压力越高。此外，提高压力还有利于减少缩合和叠合反应的发生，抑制焦炭生成而减缓催化剂失活，延长装置运转周期。

反应氢分压是影响产品质量的最重要因素，重质原料在轻质化过程中进行脱硫、脱氮、烯烃和芳烃饱和等加氢反应，可大大改变产品质量。

[知识扩展]

(1) 循环氢量的影响因素及调节方法有哪些？

循环氢流量在整个系统生产运行中要尽可能保持恒定，没有特殊原因尽可能不要改变循氢机的操作。

影响因素主要有几个：循环机自身排量的变化；新氢机排出量的变化；循环氢旁路流量控制的变化；换热器内漏；反应系统压力变化；循环氢纯度降低；反应系统压差上升，循环氢量降低；反应深度波动。

调节方法：查明原因，调节循环机的出口流量和循环氢旁路流量，如果需要调节转速增加循环氢总量，可以适当提高循氢机的转速（一般不用，因为循环氢流量在整个运转周期内应保持恒定，并且经常改变压缩机的操作条件是不允许的。但为了防止主气门长时间不动出现结垢，应定期活动），并检查影响效率的原因，及时上报处理。控制好系统压力在设计指标内，适当排放高压分离器尾气，保证循环氢纯度。如果发现高压换热器已内漏，应及时上报处理。

(2) 循环氢纯度的影响因素及调节方法有哪些？

循环氢纯度变化的因素有：①精制、裂化反应温度上升，纯度下降；②新氢流量降低，纯度下降；③原料氮含量升高，纯度下降；④新氢纯度变化；⑤换热器内漏；⑥高压分离器温度变化；⑦反应注水量的变化。

循环氢的纯度低会导致系统的氢分压下降，使得加氢反应困难而脱氢反应容易，结果是催化剂结炭速度增加，应及时地排尾气，补充新氢，同时分析造成循环氢纯度下降的原因，并针对原因做相应的处理。

提高循环氢纯度的手段：①控制好精制反应器流出物的氮含量；②调节补充新氢；③控制好高压分离器的温度；④保证反应注水量；⑤装置一般不做循环氢纯度的调节，如果循环氢纯度低于 85%，则从装置中排出部分废氢。

(3) 新氢纯度降低的处理方法有哪些？

新氢一般含有氢气、惰性气体和轻烃，其组成主要取决于生产方法。新氢纯度不但对氢分压有直接影响，而且对循环氢纯度和氢耗量有很大影响。新氢纯度的下降意味着新氢中的惰性气体和轻烃组分增加。

新氢纯度降低的处理方法：①联系调度和供氢单位，查明原因，及时调整；②若制氢波动，视情况降低反应器入口及各床层入口温度，以控制床层温度的上升，马上联系制氢装置调整，如短时间内不能恢复，床层温度无法控制，则应请示切断新氢及进料，维持压力和氢气循环；③供氢纯度恢复后，提量提温应谨慎进行；④如出现超温则按超温处理。

［典型操作］

反应系统压力控制如下：

① 控制目标。冷高分压力 PT11301 正常波动不超过±0.10MPa。

② 设计控制值。冷高分压力 PT11301 控制为 15.3MPa。

③ 相关参数。新氢机 C1002A/1002B 机出口压力、排放氢气流量 FT11302、补充氢流量 FT11304。

④ 控制方法。设在循环氢压缩机入口分液罐 V1008 上的压力 PT11301 作为反应系统压力控制点，受新氢压缩机出口压力控制，通过设在压缩机上的三返三、二返二、一返一调节阀调节其返回入口流量大小，而改变补充到反应系统的氢气流量。

当系统压力偏高时，三个返回阀逐渐开大，增加压缩机出口返一级入口流量，从而减少新氢补充到系统中的流量，使反应系统压力降低；当系统压力偏低时，三个返回阀逐渐关小，减少压缩机出口返一级入口的流量，从而增加了新氢补充到系统中的流量，使反应系统压力升高。

⑤ 正常操作：

控制参数	调节方法
循环氢压缩机入口分液罐 V1008 压力	V1008 压力高,则开大新氢机返回阀；V1008 压力低,则关小新氢机返回阀

7.1.2.3　空速

对于一定量的催化剂，加大新原料的进料速度将增大空速，与此同时，为确保恒定的转化率，就需要提高催化剂的温度。提高催化剂的温度将导致结焦速度的加快，因此，会缩短催化剂的运行周期。如果空速超出设计值很多，那么催化剂的失活速度将很快。若空速小，油品停留时间长，在温度和压力不变的情况下，则裂解反应加剧、选择性差，气体收率增大，而且油分子在催化剂床层中停留的时间延长，结焦的机会也随之增加。

7.1.2.4　氢油比

就加氢过程而言，控制合理的氢油比非常关键，提高氢油比等同于提高氢分压，氢油比越大，对加氢反应越有利，如果氢油比降低，则催化剂结焦的可能性增大，缩短了催化剂的寿命。氢气的作用是保证烯烃和芳烃的饱和，以及保证裂解烃类的饱和。还要确保防止过多的缩聚反应，以避免结焦。由于这个原因，装置长时间处于低于设计氢油比的状态下运行将加快催化剂的失活，并缩短催化剂的再生周期。

如果氢油比降低，意味着系统压力降低或循环气的纯度降低，会大大影响产品的芳烃含量。对于煤油产品的芳烃含量的影响更是如此，这将影响煤油产品的烟点，另外对催化剂的保护能力下降，结焦情况增加，影响催化剂的寿命。氢油比的提高受到动力消耗、运行成本以及设备能力的限制。

[知识扩展]

(1) 热低分液位的影响因素及调节方法有哪些？

影响因素	调节方法
①热高分液面的变化 ②热高分压力的变化 ③热低分压力的变化 ④脱气塔压力的变化 ⑤仪表失灵或调节阀故障	①控制热高分液面和压力稳定 ②控制热低分压力稳定 ③控制脱气塔压力稳定 ④仪表失灵立即改手动，控制液面正常，并通知仪表处理

(2) 热高分液位的影响因素及调节方法有哪些？

影响因素	调节方法
①反应条件的变化 ②进料量的变化 ③热高压分离器至热低压分离器的流量变化 ④仪表失灵 ⑤原料与反应产物换热器内漏 ⑥热高分压力的变化 ⑦循环氢流量的大幅度变化	①稳定反应条件，保持液面平稳 ②保持进料量恒定，保持液面平稳 ③利用分程控制，保持热高压分离器至热低压分离器的流量稳定 ④仪表失灵立即改手动，控制液面正常，并通知仪表处理 ⑤换热器内漏需停工处理 ⑥使热高分压力和循环氢流量平稳

(3) 冷高分液位的影响因素及调节方法有哪些？

影响因素	调节方法
①反应深度的变化 ②高压分离器去低压分离器的流量变化 ③高压换热器内漏 ④界面控制的变化 ⑤高分压力的变化，循环氢的大幅改动 ⑥高压空冷出口器温度的变化 ⑦仪表失灵 ⑧反应器进料量的变化	①根据反应温度、低分气排放量及分馏参数等判断转化率是否合适，调整转化率至正常 ②调节高压分离器至低压分离器的流量 ③使循环氢流量平稳，稳定系统压力 ④稳定高分界位至正常值 ⑤如果确认换热器内漏，则停工修理 ⑥仪表失灵，立即改手动，控制在正常液面，并通知仪表工处理 ⑦密切注意原料油，并做相应处理

（4）冷高分液位的影响因素及调节方法有哪些？

影响因素	调节方法
①冷高分液面的变化 ②冷低分压力的变化 ③冷低分界面的变化 ④脱气塔塔压力的变化 ⑤仪表失灵或调节阀的故障 ⑥热高分温度、压力的变化	①稳定冷高压分离器的排出量 ②控制好冷低分压力和界面 ③稳定热高分温度和压力 ④联系脱气塔的操作，以维持背压稳定 ⑤仪表失灵，立即改手动，控制在正常液面，并通知仪表工处理

[知识探究]

（1）反应提降量的原则是什么，为什么遵循该原则？

反应提降量的原则是：先提量后提温，先降温后降量。加氢裂化是强放热反应，大量的反应热是靠远大于反应所需要的氢气循环携带出反应器的，一旦热量没有被携带出反应器，反应就会十分激烈，催化剂床层可能会出现超温甚至飞温事故。因此，调整加氢裂化反应温度的幅度很小，一般在提降量时按 $0.2\sim0.3℃/t$ VGO 操作。如果提量时先提温、后提量，提高温度就会促使反应加剧，放热量增加，控制不当，容易造成床层超温事故，降温时也是这个道理。

（2）如何调节反应进料量？

调节反应进料应严格按"先提量后提温，先降温后降量"的要求进行。当进料量增加时，应适当提高精制入口温度，一般提量后应等待一段时间再提量、提温，至少在前一股物料经过一个床层后，才可以继续。这主要是经过一个催化剂床层后，反应热已经均匀释放，可以通过下一床层入口冷氢加以控制，避免超温事故的发生。

（3）裂化反应器床层温度如何调节？

催化剂床层入口温度是根据各床层的测量信号来调节注入床层的冷氢量，带走该层的反应热，达到控制床层入口温度的目的。而影响裂化反应器床层温度的因素较多，可通过下列手段达到目的：①调节裂化反应炉出口（裂化反应器入口）温度；②调节床层冷氢量控制各床层入口温度；③控制精制反应器床层及出口温度；④调节循环氢纯度及循环氢总量；⑤控好循环油量、循环油温度及循环油性质。

7.2 分馏部分操作及控制

7.2.1 分馏部分操作原则

严格执行本岗位的工艺操作指标，并保证汽提塔、分馏塔、稳定塔等的正常生产。负责本岗位的开、停工及事故处理，根据产品质量指标的要求，分离出质量合格的液化气、石脑油、航煤、柴油等产品。负责分馏的换热器、水冷却器和空冷器等设备的正常运转，确保分馏塔进料加热炉 F1002 的安全平稳运行，做好设备和工艺管线的日常维护工作，并做好本岗位的交接班和原始记录。分馏操作对全装置的平稳操作起着重要的作用并掌握着主要产品的质量控制，主要把握两条原则。

① 物料平衡和热量平衡的原则。在稳定物料平衡的基础上，调节塔的热量供给和热量分布，确保产品的合格。

② 定性参数不要轻易改变，利用定量参数来调节的原则。在操作中要区别什么是定性参数（p、T），什么是定量参数（F），尽量保持定性参数不变，通过调节定量参数来调节产品质量。

重点控制好塔顶压力、塔顶温度、回流温度、回流量、侧线抽出量、进料温度、塔底温度等重要参数指标，要细调勤调，保持操作稳定，完成生产部下达的有关生产指令和任务。

7.2.2　分馏系统操作理念

根据目前的进料性质及工艺卡片指标范围，特编写此操作标准，便于内操统一操作理念。

7.2.2.1　汽提塔操作

通过观察汽提塔进料温度，判断反应部分裂化情况，冷低分进料温度升高，证明冷低分进油量大，反应部分裂化效果增强；热低分进料温度升高，证明热低分进油量大，反应部分裂化效果减弱（加工量稳定、反应温度稳定的前提）。

汽提塔塔顶温度控制石脑油初馏点及 10% 馏程，塔顶温度高，则石脑油初馏点偏高，同时影响着液化气中 C_5 含量；塔顶压力影响油品中硫化氢的释放，过高可能会导致油品硫化氢含量高，影响分馏系统操作。

汽提塔塔底注汽，主要汽提油品中硫化氢，降低蒸汽分压，让硫化氢更容易释放；塔底注气稳定后不会经常调整。

汽提塔操作流程见图 7-2。

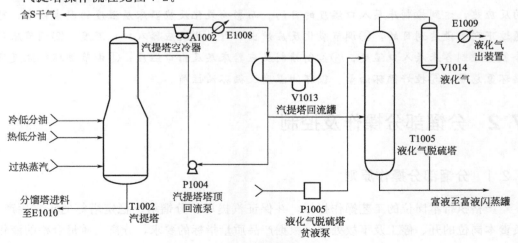

图 7-2　汽提塔操作流程

7.2.2.2 分馏塔操作

航煤侧线阀门100％开度保持不变，航煤最大量外送。

航煤、柴油侧线塔注气，汽提油品中轻组分，可有效控制油品闪点；分馏塔塔底注气，汽提尾油中柴油组分，控制尾油初馏点，初馏点低，可适当降低塔底汽提量；注气量稳定后不会经常调整。

分馏塔进料温度影响着油品的分离，温度过高，油品中重组分就被携带至上层，导致上部物料变重。

柴油侧线阀门开度主要控制柴油干点、冷滤点，若柴油较重可适当关小侧线阀门，减少重组分进入柴油组分中，柴油馏程变短，冷滤点自然降低，同时航煤是最大量外送，混柴的冷滤点也会降低，侧线阀门开度是控制混柴冷滤点的最好手段；若混柴冷滤点高，则减少柴油外送量，根据液位变化，关小侧线阀门开度；若混柴冷滤点过剩、较低，则增大柴油外送量，根据液位变化，开大侧线阀门开度；因系统较大，置换时间长，每次柴油增减量不宜超过0.5t，以免柴油变重，混柴冷滤不合格。

分馏塔塔顶温度是影响整塔产品分布的因素，温度升高油品更容易上升，产品相应变重；温度降低油品上升难度增大，产品相应变轻。塔顶温度是控制航煤闪点的主要手段之一，若航煤闪点低，混柴闪点势必会低，提高顶温，提高航煤闪点，同时关注石脑油干点，顶温提升过多，石脑油干点势必会升高；降低顶温，将石脑中部分重组分压至航煤组分中，石脑油干点势必会降低。

分馏塔塔顶压力也是影响整塔产品分布的因素，压力升高油品上升难度增大，产品相应变轻；压力降低油品上升难度降低，产品相应变重。

压力控制一般需稳定住，调整产品时保持单一变量。

分馏塔塔底压差可用于分析分馏塔塔内存油情况，若压差过大，证明塔板上油量较大，甚至淹塔，油品中轻组分上升难度大，最直观的现象是航煤量逐渐减少，直接影响混柴冷滤点；若压差监控调整不好，将直接导致分馏塔满塔，柴油、尾油、航煤混到一起，很难分离，分馏系统混乱，产品质量全部不合格。所以说压差监控是重中之重。

压差增大的原因：反应系统裂化不彻底，尾油量大，油品较重（提前判断，增大尾油外送量，上报车间申请提高裂化温度1～2℃）；汽提塔向分馏塔进油量突然增大，导致进料出料不平衡，此现象通过增大尾油外送量即可解决；原料性质变化，可通过观察冷低分流量变化，若流量大幅度降低，证明裂化深度降低，分馏系统进料油势必变重，应及时调整裂化温度。

尾油的硫、氮含量主要受精致反应温度影响，若含量增高，适当提高精致温度（1～2℃）即可解决。

分馏塔操作流程见图7-3。

7.2.2.3 稳定塔操作

塔底温度主要通过中段柴油流量控制，塔底温度高，油品及油品中硫化氢蒸出；塔

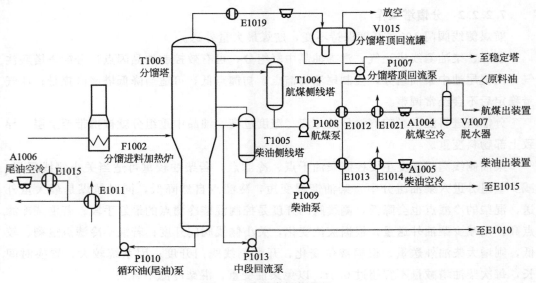

图 7-3　分馏塔操作流程

底温度过低会导致油品中硫化氢无法溢出，石脑油硫含量不合格。

稳定塔塔顶温度及水冷后温度控制石脑油硫化氢含量，温度过低部分硫化氢会再次溶解至油品中，导致石脑油硫含量不合格；温度过高会造成油品中轻组分溢出，产品初馏点变高。

稳定塔压力即放空调节阀开度调节：开度过小，油品中硫化氢无法溢出，再次溶至油品中，操作中不得将阀门关死或阀门开度过小。

稳定塔操作流程见图 7-4。

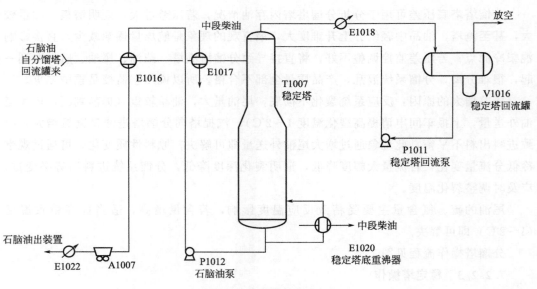

图 7-4　稳定塔操作流程

7.2.3 操作因素分析

分馏系统的目的是生产合格产品，物料平衡和热量平衡是分馏系统的设计思想和依据，也是分馏操作必须遵循的原则。

7.2.3.1 温度

温度是热平衡和物料平衡的主要因素，是决定拔出率和产品质量主要操作参数，对于每座塔，可以通过控制进料温度、侧线温度、塔顶温度和塔底温度来控制产品的拔出率和产品的质量。

塔顶温度用塔顶回流量来控制，塔顶温度高，塔顶产品偏重，应加大回流量来控制质量，但回流量不宜过大，以防止塔盘和塔顶超负荷。

侧线抽出温度与侧线抽出量成正比，侧线抽出量不合理或不稳定将影响整个分馏塔的操作，应视产品的质量情况稳定抽出量，调节不能太频繁，幅度变化不要太大，在其他条件不变的情况下，侧线温度相对恒定为好。侧线温度是反映柴油和侧线拔出率的最灵敏的温度，侧线温度太高，柴油干点会上升，如柴油的干点超指标，应减少柴油的产量，增加中段回流量进行调整；侧线温度太低，则柴油的产量会下降，此时可根据侧线温度的变化增大柴油的抽出量。

回流温度对全塔的热平衡和分馏精确度均有较大的影响，回流罐温度主要由空冷运转情况、水冷效果、塔顶气相负荷和环境温度来决定。

塔底温度是衡量物料在该塔中的蒸发量大小的主要依据。温度高则蒸发量大，温度过高会造成携带现象，使侧线产品干点高，颜色变深，严重时会生焦；但塔底温度太低时合理组分蒸发不了，产品质量轻，降低了塔顶产品收率，也加大了下游设备的负荷。塔底温度决定塔底液相中轻组分的含量，塔底温度越低，轻组分含量越高；如果塔底温度太高，必须加大中段回流。

分馏塔各点温度的高低主要视进料性质而定，也就是说温度随进料的裂化深度而变化。所以，在平时操作中要根据进料性质及时调整各点温度，特别是塔底温度，并以这个温度作为操作中的主要调节手段。

[典型操作]

(1) 分馏塔 T1003 塔顶温度控制

① 控制目标。分馏塔 T1003 塔顶温度为 (140±5)℃。

② 设计控制值。分馏塔 T1003 塔顶温度 TIC1803 控制为 140℃。

③ 相关参数。分馏塔塔顶回流流量 FIC11803、中段柴油抽出温度 TI11809、T1003 塔底温度 TI11818、分馏塔进料温度 TI11811。

④ 控制方法。T1003 塔顶温度是由温控 TIC11804 与塔顶回流量 FIC11803 串级来进行调节的。

（2）分馏塔 T1003 进料温度控制

① 控制目标。分馏塔 T1003 进料温度为（340±5）℃。

② 设计控制值。分馏塔 T1003 进料温度 TIC11811 控制为 340℃。

③ 相关参数。F1002 的燃料气压力 PIC11704、E1004 壳程出口温度 TIC10801。

④ 控制方法。T1002 入口温度 TI11701 通过入炉的燃料气压力 PIC11704 进行调节。

［知识扩展］

（1）确定蒸馏塔进料温度的方法有哪些？

常压蒸馏塔汽化段的操作压力一定，根据该塔的总拔出量及过汽化量可以确定进料油品的汽化分率；如塔底汽提蒸汽用量一定则可以求取进料段的油气分压；根据进料的常压平衡汽化数据、焦点温度、焦点压力等性质数据，借助于平衡汽化坐标纸在进料段油气分压、进料汽化分率一定的前提下很容易求得进料段的温度。

如果忽略自炉出口到进料段转油线的热损失，可以把它看成一个绝热闪蒸过程，炉出口油的焓应和进料油的焓的值相等，可利用等焓过程计算的方法，求得炉出口温度。如果炉出口温度太高，则可适当增加塔底汽提蒸汽用量，使进料温度降低，这样就可以使炉出口温度降下来。

（2）确定蒸馏塔塔顶温度的方法有哪些？

塔顶温度为塔顶产品在其本身油气分压下的露点温度。塔顶馏出物为塔顶产品、塔顶回流油气、不凝气、水蒸气。在塔顶压力一定的条件下，如果不凝气数量已知，则塔顶产品及回流总和的油气分压可求，进一步求得塔顶温度。如果塔顶不凝气很少时，则可以忽略不计，此时求得的塔顶温度较实际塔顶温度高出约 3%，可将计算所得塔顶温度乘以系数 0.97，作为采用的塔顶温度。

需要注意在确定塔顶温度时，应同时检验塔顶水蒸气是否会冷凝。水蒸气冷凝则会造成塔顶、顶部塔板和塔顶挥发线的露点腐蚀，并且容易产生上部塔板上的水暴沸，造成冲塔、液泛。此时应考虑减少汽提水蒸气量或降低塔的操作压力。

［知识探究］

常压塔顶温度波动应如何调整？

可以根据实际情况从几个方面考虑：稳定回流量；控好塔顶系统的冷后温度；稳定各侧线抽出量；控好脱丁烷塔（或硫化氢汽提塔）液位，稳定进料量；稳定进料温度；稳定脱丁烷塔（或硫化氢汽提塔）的操作，避免轻烃进入常压塔；稳定常压塔底重沸炉（或进料加热炉）的出口温度；联系修理仪表或改手动。

7.2.3.2　压力

压力对全塔组分的沸点有影响，随着塔压的升高，产品的沸点也会升高，给组分的分离带来更大的困难，如果塔的压力降低，在塔温不变的情况下，拨出率就会上升，产品容变重，排出气体的流率就会增加。因此不要随意改变压控的给定值，正常的塔压不宜改变。压力的平稳与否直接影响到产品的质量、系统的热平衡和物料平衡，甚至威胁到装置的安全生产。在操作中压力不能作为一种调节产品质量的手段，应保持恒定为好。在对塔压进行调节时，要进行全面而周密的分析，尽力找出影响塔压的主要因素进行准确而合理的调节，使操作平稳下来。当需要借助塔顶容器的排气阀来调节塔压时要缓慢进行，不要猛开猛关，也不要随便改变控制的给定值，以免造成大幅度的波动或冲塔事故。

7.2.3.3 进料量

进料量增加或减少时，必须按比例增加或减少顶回流量和中段回流量，以保证全塔各点温度、压力的相对稳定，确保石脑油、柴油的质量稳定，同时还要相应地增加或减少石脑油柴油、尾油的产品量。

7.2.3.4 回流量

回流量是提高分馏精确度和切割产品的主要手段。如果顶回流量突然增加，而顶温又降不下来，说明重组分已带到了塔顶，此时应加大中段回流量，以降低塔顶负荷。如果顶回流温度降低时塔的内回流量增加，此时应适当降低回流量，但正常操作中应尽量保持回流比和回流温度的恒定，一般不要做大的调整。如果反应深度或者轻组分相对减少，应使用较高的回流比保证分馏精确度。

7.2.3.5 液面

液面是系统物料平衡操作的集中表现，塔底液面的高低将不同程度地影响产品质量、收率及操作平衡、泵抽空。所以，平衡好各塔液面尤为重要。

[典型操作]

分馏塔 T1003 液位控制：

① 控制目标。分馏塔 T1003 液位为 50％±10％。

② 控制范围。分馏塔 T1003 液位 LICA11801 控制在 40％～60％。

③ 相关参数。未转化油回炼流量，T1003 进料流量 FIC11701、FIC11702，中段回流量，T1003 塔顶温度 TIC11803，T1003 塔顶压力 PIC11801，T1003 顶回流量 FICI11803。

④ 控制方法。未转化油回炼流量与分馏塔 T1003 液位 LI11801 串级来进行调节。

7.2.3.6 塔底吹汽

塔底吹汽是降低塔内油品各组分的油气分压的方式，使混合油品在较低的温度下达到有效分离的目的，并预防分馏塔底结焦。吹汽量、温度的变化直接影响整个分馏塔的气液平衡和热平衡，并对下游工艺操作和产品质量产生影响，应尽量保持其稳定性。

7.3 产品质量调节

7.3.1 石脑油

石脑油干点受塔顶温度和压力变化、进塔原料温度变化、进塔原料轻重变化、中段回流流量和温度变化、侧线产品流量变化、塔底吹汽压力和流量变化、塔顶回流油是否带水及塔板堵塞情况的影响。

塔顶温度是调节石脑油干点的主要手段，当塔顶压力降低时，要适当降低塔顶温度；压力升高时，要适当提高塔顶温度。

进塔原料变轻时，石脑油干点会降低，应当提高塔顶温度。

中段回流流量突然下降，回流油温度升高，使塔中部热量上移，石脑油干点升高，应保持中段回流流量平稳。

常一线馏出量过大，内回流油减少，分馏效果不好，可引起石脑油干点升高，应稳定常一线馏出量。

塔底吹汽压力高或吹汽阀门开度大、吹汽量大，蒸汽速度高，塔底液位高，会使重组分携带引起各侧线变重，塔顶石脑油干点会变重。

回流油带水可引起塔顶石脑油干点升高，要切实做好回流油罐脱水工作。塔板压降增大，堵塞，应洗掉堵塞物，提高分馏效果。

塔顶回流量过小，内回流不足，可使塔顶石脑油干点升高，应适当降低一、二中段回流量，增大顶回流或循环回流流量，改善塔顶的分馏效果，使塔顶石脑油干点合格。

进料含水量增加时，虽然塔顶压力增大，但由于大量水蒸气存在降低了油气分压，塔顶石脑油干点也会提高，应切实做好反应脱水工作。

7.3.2 喷气燃料

喷气燃料由于是在飞机上使用的，因此对其质量规格有严格要求。

① 喷气燃料的馏程 98％点、冰点均高。

原因：分馏塔顶温度高压力低，脱丁烷塔（或硫化氢汽提塔）顶产品干点高，航煤出装置流量大，航煤馏出温度高。

调节方法：调节时应降低航煤出装置流量，降低分馏塔顶温度和航煤馏出温度，稳定脱丁烷塔（或硫化氢汽提塔）和常压塔压力。

② 喷气燃料初馏点高，馏程 90％点或干点、冰点低（所谓头重尾轻）。

原因：航煤出装置流量小，分馏塔压力高，分馏塔顶温度高。

调节方法：提高航煤出装置流量，降低分馏塔顶温度，稳定分馏塔压力。

③ 喷气燃料初馏点低，馏程 90％点或干点、冰点高（所谓头轻尾重）。

原因：航煤出装置流量大，分馏塔顶温度低，塔压力低。

调节方法：降低航煤出装置流量，提高塔顶温度。

7.3.3　柴油

对于分馏系统适当调节柴油抽出量；稳定主分馏塔操作；控制好主分馏塔液面；控制好主分馏塔底重沸炉、稳定进料温度；联系反应控好生成油转化率。

如果上述措施不奏效，应考虑是否为塔内分馏效果不好，需要降量或停工检修。

［知识探究］

（1）侧线产品闪点低的原因及调节方法有哪些？

侧线产品闪点是由其轻组分含量决定的，闪点低表明油品中易挥发的轻组分含量较高，即馏程中初馏点及 10% 点温度偏低，通常说馏程头部轻。调节方法：①若有侧线汽提塔吹入过热蒸汽的装置，可以略开大吹汽量，使油品的轻组分挥发出来，即提高了闪点；②提高该侧线馏出温度，使油品中的轻组分向上一侧线挥发，提高馏出温度时也会使干点即尾部变重，因此采取这种调节手段必须在保证干点合格的前提下进行；③适当提高塔顶温度，可以使产品闪点有所提高。

（2）产品干点高怎样调节？

产品干点是由油品中重组分含量决定的，干点高表明油品中重组分含量高，即馏程中 90% 点及干点温度偏高，通常说尾部重。

塔顶产品干点高，可降低塔顶温度或提高塔顶压力使塔顶产品干点降低。

侧线产品干点高，可降低该侧线馏出量，使产品变轻、干点下降；也可降低该侧线馏出口温度来降低产品干点；也可通过降低该侧线上一侧线（或塔顶）馏出温度或馏出量来影响该侧线的馏出口温度，进而影响产品干点。

第8章

安全知识

8.1 安全基础知识

加氢深度精制装置生产过程中，原料及各种产品均属于可燃物，部分产品更是具有高度的挥发性，有燃烧和爆炸的危险。

燃烧是可燃物质（气体、液体或固体）与氧或氧化剂发生伴有放热和发光现象的一种激烈的化学反应。在反应过程中，物质会改变原有的性质变成新的物质。不仅可燃物质和氧化合的反应属于燃烧，在某些情况下，没有氧参加的反应，例如金属钠在氯气中燃烧所发生的激烈氧化反应，并伴有光和热的发生，因此也是燃烧。

爆炸是一种极为迅速的能量释放过程，在此过程中，物质以极快的速度把其内部所含有的能量释放出来，转变成巨大的压力和光及热等能量形态。所以一旦发生爆炸，就可能会产生巨大的破坏作用。按物质发生爆炸的原因和性质，爆炸可分为物理爆炸、化学爆炸和核爆炸三类。

8.1.1 火灾爆炸危险

8.1.1.1 氢气

（1）危险性类别　易燃气体。

（2）危险特性　其与空气混合能形成爆炸性混合物，遇热或明火即爆炸。氢气比空气轻，在室内使用和储存时，漏气上升滞留屋顶不易排出，遇火星会引起爆炸。氢气与氟、氯、溴等卤素会发生剧烈反应。

（3）接触后表现　本品在生理学上是惰性气体，仅在高浓度时，由于空气中氧分压降低才引起窒息。在很高的分压条件下，氢气可呈现出麻醉作用。

（4）现场急救措施　吸入：迅速脱离现场至空气新鲜处，保持呼吸道畅通，如呼吸困难则给输氧，如呼吸停止，立即进行人工呼吸并就医。

（5）泄漏应急处理　迅速撤离泄漏污染区人员至上风处，并进行隔离，严格限制出入。切断火源，建议应急处理人员戴自给正压式呼吸器，穿防静电工作服。尽可能切断泄漏源。合理通风，加速扩散。如有可能，将漏出气用排风机送至空旷地方或装设适当喷头烧掉，漏气容器要妥善处理，修复检验后再用。

（6）身体防护措施

8.1.1.2　液化气

（1）危险性类别　易燃液体。

（2）危险特性　极易燃，其与空气混合能形成爆炸性混合物，遇热源和明火有燃烧爆炸的危险，与氟、氯等接触会发生剧烈的化学反应。其蒸气比空气重，能在较低处扩散到相当远的地方，遇火源会着火回燃。

（3）接触后表现　本品有麻醉作用，急性中毒症状有头晕、头痛、兴奋或嗜睡、恶心、呕吐、脉缓等。

（4）现场急救措施

① 皮肤接触：若有冻伤，就医治疗。

② 吸入：迅速脱离现场至空气新鲜处。保持呼吸道通畅；如呼吸困难，给输氧；如呼吸停止，立即进行人工呼吸，并就医。

（5）泄漏应急处理　迅速撤离污染区域人员至上风处，并进行隔离，严格限制出入。切断火源，建议应急处理人员戴正压自给式呼吸器，穿防静电服，不要直接接触泄漏物。尽可能切断泄漏源。

（6）身体防护措施

8.1.1.3　汽油

（1）危险性类别　易燃液体。

（2）危险特性　汽油是高度易燃液体和蒸气。其蒸气与空气可形成爆炸性混合物，遇明火、高热极易燃烧爆炸。其与氧化剂能发生强烈反应。其蒸气比空气重，沿地面扩散并易积存于低洼处，遇火源会着火回燃。

（3）接触后表现　主要作用于中枢神经系统。急性中毒症状有头晕、头痛、恶心、呕吐、步态不稳、共济失调。高浓度吸入出现中毒性脑病。皮肤接触致急性接触性皮炎或过敏性皮炎。急性经口中毒引起急性胃肠炎；重者出现类似急性吸入中毒症状。慢性中毒：神经衰弱综合征、周围神经病、皮肤损害。

（4）现场急救措施

① 吸入：迅速脱离现场至空气新鲜处，保持呼吸道通畅；如呼吸困难，给输氧；如呼吸、心跳停止，立即进行心肺复苏，并就医。

② 皮肤接触：立即脱去污染的衣着，用肥皂水和清水冲洗皮肤；如有不适感，就医。

③ 眼睛接触：立即提起眼睑，用大量流动清水或生理盐水彻底冲洗；如有不适感，就医。

④ 食入：饮水，禁止催吐；如有不适感，就医。

（5）泄漏应急处理　消除所有点火源。根据液体流动和蒸气扩散的影响区域划定警戒区，无关人员从侧风、上风向撤离至安全区。建议应急处理人员戴正压自给式呼吸器，穿防毒、防静电服，戴橡胶耐油手套。作业时使用的所有设备应接地。禁止接触或跨越泄漏物。尽可能切断泄漏源。作为一项紧急预防措施，泄漏隔离距离至少为50m。如果为大量泄漏，下风向的初始疏散距离应至少为300m。

（6）身体防护措施

8.1.1.4　柴油

（1）危险性类别　高闪点液体。

（2）危险特性　易燃，其蒸气与空气混合，能形成爆炸性混合物。其遇明火、高热或与氧化剂接触，有引起燃烧爆炸的危险。若遇高热，容器内压增大，有开裂和爆炸的危险。

（3）现场急救措施

① 皮肤接触：立即脱去污染的衣着，用肥皂水和清水彻底冲洗皮肤；如有不适感，就医。

② 眼睛接触：提起眼睑，用流动清水或生理盐水冲洗；如有不适感，就医。

③ 吸入：迅速脱离现场至空气新鲜处，保持呼吸道通畅；如呼吸困难，给输氧；如呼吸、心跳停止，立即进行心肺复苏，并就医。

④ 食入：尽快彻底洗胃，并就医。

（4）泄漏应急处理 根据液体流动和蒸气扩散的影响区域划定警戒区，无关人员从侧风、上风向撤离至安全区。消除所有点火源。建议应急处理人员戴防毒面具，穿防静电服。尽可能切断泄漏源。防止泄漏物进入水体、下水道、地下室或密闭性空间。小量泄漏：用活性炭或其他惰性材料吸收。大量泄漏：构筑围堤或挖坑收容，用泵转移至槽车或专用收集器内。

8.1.1.5 蜡油

（1）危险特性 其遇明火、高热可燃；燃烧时放出有毒的刺激性烟雾。

（2）现场急救措施

① 皮肤接触：立即脱去污染的衣着，用肥皂水和清水彻底冲洗皮肤，并就医。

② 眼睛接触：立即提起眼睑，用大量流动清水或生理盐水彻底冲洗至少 15min，并就医。

③ 吸入：迅速脱离现场至空气新鲜处，保持呼吸道通畅；如呼吸困难，给输氧；如呼吸停止，立即进行人工呼吸，并就医。

④ 食入：饮足量温水，催吐；洗胃，导泻；就医。

（3）泄漏应急处理 迅速撤离泄漏污染区人员至安全区，并进行隔离，严格限制出入。切断火源。建议应急处理人员戴自给式正压呼吸器，穿防毒服。尽可能切断泄漏源，若是液体，防止流入下水道、排洪沟等限制性空间。

8.1.2 毒性及腐蚀性物质危害

8.1.2.1 硫化氢

（1）健康危害

① H_2S 对黏膜有强烈的刺激作用，这是硫化氢与湿润黏膜接触后分解形成的硫化钠以及本身的酸性引起的。

② 对肌体的全身作用为硫化氢与肌体的细胞色素氧化酶及这类酶中的二硫键作用后，影响细胞色素氧化过程，阻断细胞内呼吸，导致全身缺氧，由于中框神经系统对缺氧最敏感，因而首先受到损害。

③ 危害：接触高浓度（$700mg/m^3$ 以上）硫化氢，立即出现神志模糊、昏迷、心悸，浓度达到 $1000mg/m^3$ 时会导致电击性死亡。

（2）急救措施

① 救护者进入硫化氢气体泄漏区抢救中毒人员必须佩戴空气呼吸器或四号滤毒罐式防毒面具。

② 迅速把中毒人员移到上风向空气新鲜的地方，同时向医院打急救电话，并报告生产指挥中心，待医生赶到后，协助抢救。

③ 眼睛：使眼睛张开，用生理盐水或 $1\%\sim3\%$ 的碳酸氢钠溶液冲洗患眼。

（3）泄漏应急处理

① 如果酸性气泄漏量较小，硫化氢浓度较低，对于酸性气体已经扩散到的地段，电气系统应保持原来状态，不要开或关；接近扩散区的地段，要立即切断电源，装置明火加热炉要熄火。

② 如果酸性气大面积泄漏，则必须上报有关部门，采用远距离点火的方式进行点火燃烧，以降低爆炸或中毒风险。

③ 切断酸性气体物料来源。

④ 如果是管线发生泄漏，立即关闭与泄漏管线有关的全部系统阀门，设法降低管线内的压力；如果是容器发生泄漏，要马上通知有关岗位停止送料，关闭进料阀门，如果泄漏部位无法切出，要立即采用措施，尽可能降低泄漏部位的压力。

⑤ 利用水、蒸汽驱散泄漏出来的酸性气体。

⑥ 当发生泄漏时，为防止酸性气体达到爆炸浓度，应尽快用开花水枪或消防蒸汽驱散已经泄漏出来的酸性气体。在使用消防蒸汽时要注意控制蒸汽初速度不可过大，以防蒸汽流速过快产生静电造成二次灾害。

以上工作要求同时迅速展开，力求将事故控制在最小的范围内，并尽力将事故消灭在事故初期，避免发生重大的次生火灾爆炸事故。

（4）身体防护措施

8.1.2.2 氮气

（1）健康危害 空气中 N_2 含量过高，使吸入气氧分压下降，引起缺氧窒息。吸入 N_2 浓度不太高时，患者最初感到胸闷、气短、疲软无力；继而烦躁不安、极度兴奋、乱跑、叫喊、神情恍惚、

有毒品

步态不稳，称之为"氮酩酊"，可进入昏睡或昏迷状态。吸入高浓度 N_2，患者会迅速昏迷，因呼吸和心跳停止而死亡。潜水员深潜时，会发生氮的麻醉现象；若从高压环境下过快转入常压环境，体内会形成 N_2 气泡，压迫神经、血管或造成微血管阻塞，出现"减压病"。

（2）急救措施 迅速脱离现场至空气新鲜处。保持呼吸道通畅。如呼吸困难，给输氧。呼吸心跳停止时，立即进行人工呼吸和胸外心脏按压、紧急心肺复苏，并就医。

（3）泄漏应急处理 迅速撤离泄漏污染区人员至上风处，并进行隔离，严格限制出入，建议应急处理人员戴自给正压式呼吸器，穿一般作业工作服。尽可能切断泄漏源。

合理通风，加速扩散，漏气容器要妥善处理，修复、检验后再用。

8.1.2.3 羰基镍

羰基镍是易挥发且毒性极强的物质，人员暴露于低微浓度下就可能引起严重病害或死亡。在渣油加氢装置中使用的催化剂含有 Ni，以及原料油中 Ni 沉积在催化剂上，所以生成四羰基镍是可能的。因此我们了解四羰基镍的物理性质及生成原理与相关的注意事项对防止中毒是非常有必要的。

(1) 危险特性 $Ni(CO)_4$ 的毒性极强，加热至 $150 \sim 180℃$ 时可分解为金属镍和一氧化碳，可以以蒸气形式迅速由呼吸道吸收，皮肤也可以吸收少量。进入体内的 $Ni(CO)_4$ 约有 1/3 在 6h 内由呼气排出，其余以分子形式穿过肺泡，使肺泡和组织受到损害，短期内吸入高浓度羰基镍主要引起急性呼吸系统和神经系统损害，空气中允许的最高浓度为 0.001×10^{-6}。

(2) 急救措施 救治患者人员进入其环境必须做好自身的防护（佩戴空气呼吸器及防护衣），将患者迅速转移到新鲜空气处，给予 O_2 吸入以维持呼吸，迅速请医生诊治。

(3) 身体防护措施

8.1.2.4 瓦斯

(1) 危险特性 其与空气混合能形成爆炸性混合物，遇明火、高热极易燃烧爆炸。其与氟、氯等能发生剧烈的化学反应。其蒸气比空气重，能在较低处扩散到相当远的地方，遇明火会引着回燃；若遇遇高热，容器内压增大，有开裂和爆炸的危险。

(2) 健康危害 其具有刺激作用和麻醉作用，大量吸入可引起头痛。

(3) 急救措施 迅速脱离现场至空气新鲜处。保持呼吸道通畅。保暖并休息。呼吸困难时给输氧，如呼吸心跳停止，立即进行人工呼吸、紧急心肺复苏，并就医。

(4) 泄漏应急处置 迅速撤离泄漏污染区人员至安全区，并隔离直至气体散尽，切断火源。应急处理人员戴自给式呼吸器，穿一般消防防护服。切断气源，通风对流，稀释扩散。或用管路导至炉中、凹地焚之。如无危险，就地燃烧，同时喷雾状水使周围冷却，以防其他可燃物着火。漏气容器不能再用，且要经过技术处理以清除可能剩下的气体。

8.2 安全检查规定

① 每月检查消防器材，罐区消防水、泡沫系统雨淋阀、手阀、排气阀是否达到备

用状态。

② 每天交接班前检查外操室气防柜内空气呼吸器状况，气瓶气压是否达到备用气压，面罩是否完好，发现安全器具不全或达不到要求及时汇报装置安全工程师。

8.3　环保操作规定

① 树立清洁生产概念，加强节水及环保意识。

② 落实"雨污分流"，装置区检修，事故产生的油、水应避免进入雨水系统。污染无法控制时，应采取堵截及收救措施，并及时通知调度、安环部。

③ 按照规定妥善处置各类固体废物，严禁乱堆乱放。

④ 杜绝乱排乱放，严格执行各项环保管理制度。

8.4　深度加氢装置中的危险区域

如图 8-1 所示，循环氢中硫化氢含量为 200×10^{-6}，拆检压缩机必须泄压，置换合格，佩戴报警仪，发现泄漏点立刻上报班长，佩戴正压式空气呼吸器进行处理；涉及区域作业务必双人操作，若进行机修、仪表操作务必配有安全监护人。

如图 8-2 所示，循环氢脱硫前，硫化氢含量在 20000×10^{-6} 以上，取循环氢气样时必须佩戴正压式呼吸器，双人操作，一人在上风向监护，监护人佩戴报警仪，班长、安全员现场确认；涉及区域作业务必双人操作，若进行机修、仪表操作务必配有安全监护人。

冷高压分离器含硫污水，硫化氢含量为 20000×10^{-6}，发现泄漏点立刻上报班长，若需取水样观察必须佩戴正压式呼吸器进行处理；涉及区域作业务必双人操作，若进行机修、仪表操作务必配有安全监护人。

如图 8-3 所示，含硫污水罐硫化氢含量为 20000×10^{-6}，富液闪蒸罐硫化氢含量为 20000×10^{-6}；涉及区域作业务必双人操作，若进行机修、仪表操作务必配有安全监护人。

反冲洗过滤器，因温度较高，冲洗油硫化氢易挥发，硫化氢含量为 2000×10^{-6}；涉及区域作业务必双人操作，若进行机修、仪表操作务必配有安全监护人。

如图 8-4 所示，放空气体硫化氢含量为 20000×10^{-6}，水含量为 150×10^{-6}，外送液位，双人操作佩戴报警仪；涉及区域作业务必双人操作，若进行机修、仪表操作务必配有安全监护人。

地下污油罐，硫化氢含量为 500×10^{-6}，外送液位，双人操作佩戴报警仪。

如图 8-5 所示，原料油罐，因温度较高，冲洗油硫化氢易挥发，硫化氢含量为 2000×10^{-6}，液化气脱硫塔硫化氢含量为 500×10^{-6}；涉及区域作业务必双人操作，若进行机修、仪表操作务必配有安全监护人。

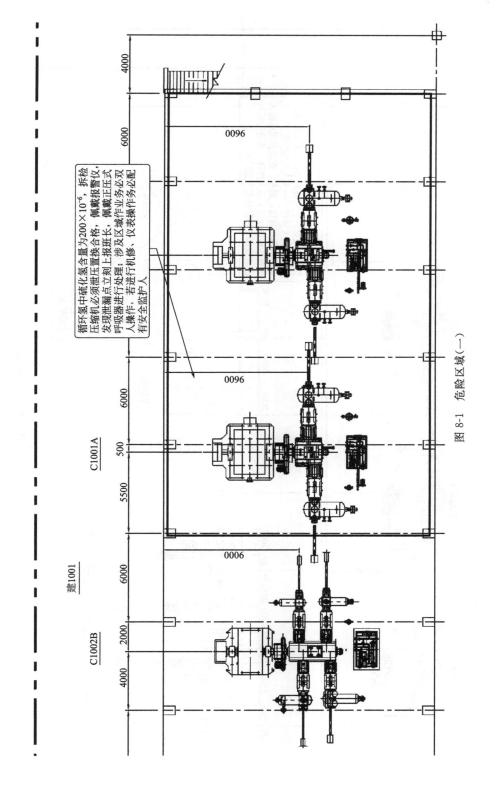

循环氢中硫化氢含量为200×10⁻⁶，拆检压缩机必须泄压置换合格，佩戴报警仪，发现泄漏点立刻上报班长，佩戴正式呼吸器进行处理；涉及区域作业操作双人操作，若进行机修、仪表作业操作务必配有安全监护人

建1001

C1002B   C1001A

图 8-1　危险区域（一）

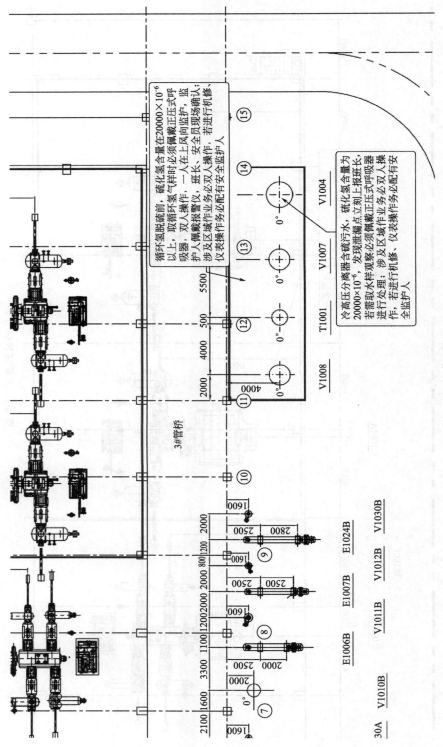

图 8-2　危险区域 (二)

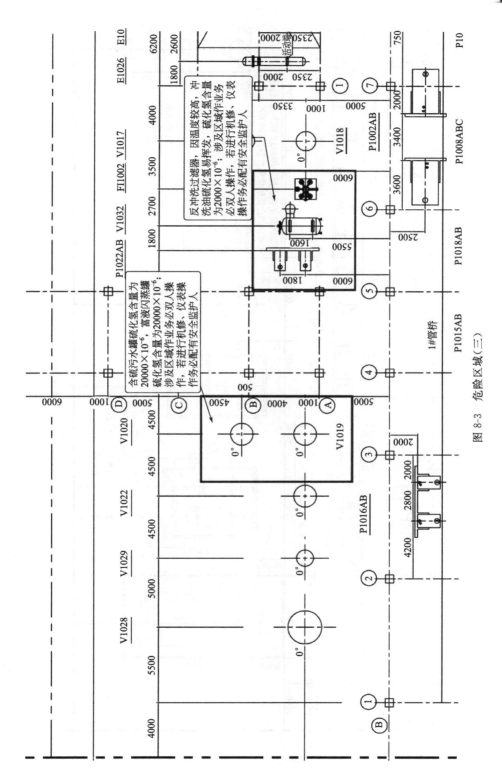

图 8-3　危险区域（三）

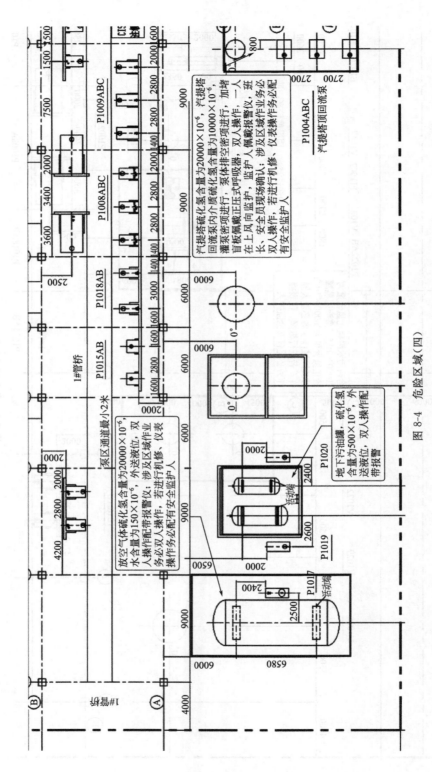

图 8-4 危险区域（四）

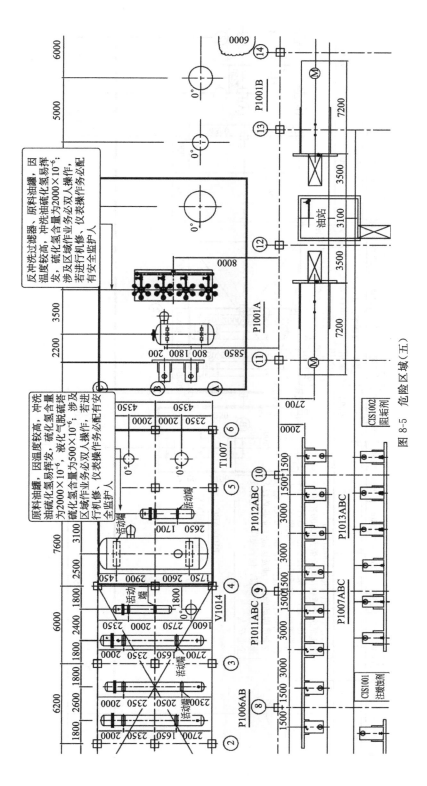

图 8-5　危险区域（五）

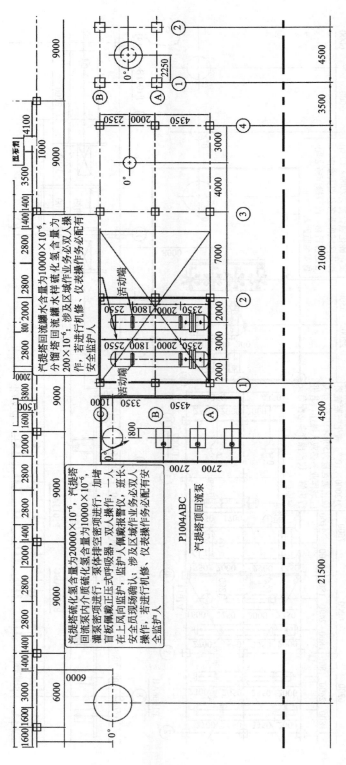

图 8-6 危险区域（六）

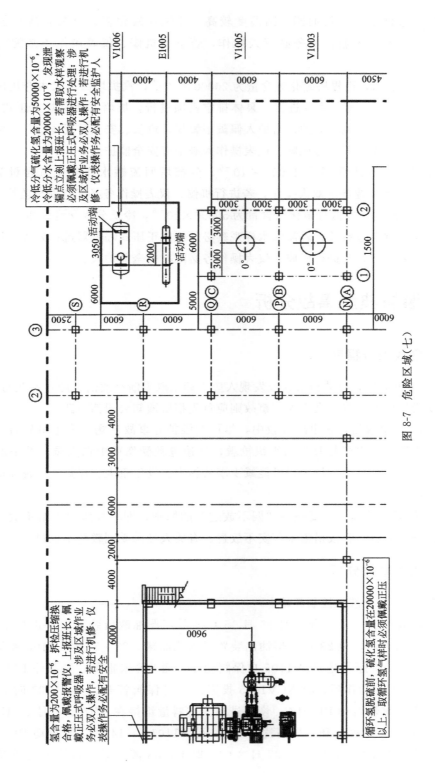

图 8-7 危险区域（七）

反冲洗过滤器、原料油罐，因温度较高，冲洗油硫化氢易挥发，硫化氢含量为 2000×10^{-6}；涉及区域作业务必双人操作，若进行机修、仪表操作务必配有安全监护人。

如图 8-6 所示，汽提塔硫化氢含量为 20000×10^{-6}，汽提塔回流泵内介质硫化氢含量为 10000×10^{-6}，灌泵密项进行，泵体排空密项进行，加堵盲板佩戴正压式呼吸器，双人操作，一人在上风向监护，监护人佩戴报警仪，班长、安全员现场确认；涉及区域作业务必双人操作，若进行机修、仪表操作务必配有安全监护人。

汽提塔回流罐水含量为 10000×10^{-6}，分馏塔回流罐水样硫化氢含量为 200×10^{-6}；涉及区域作业务必双人操作，若进行机修、仪表操作务必配有安全监护人。

如图 8-7 所示，冷低分硫化氢含量为 50000×10^{-6}，冷低分水含量为 20000×10^{-6}，发现泄漏点立刻上报班长，若需取水样观察必须佩戴正压式呼吸器进行处理；涉及区域作业务必双人操作，若进行机修、仪表操作务必配有安全监护人。

8.5　装置典型事故分析

8.5.1　事故报告程序

① 发生事故后，事故当事人或发现人应立即采取果断有效的措施，并及时向班长、运行部及指挥中心报告。发生火灾事故则应首先报警通知公司消防队。

② 凡发生事故后，在事故抢救中，尽可能维护好事故现场。发生事故时，有关领导接到报告后，应立即赶赴现场组织抢救，迅速抢救受伤或中毒人员，并采取正确措施，防止事故蔓延扩大，尽一切可能减少事故损失。发生重大、爆炸、中毒事故时，应立即启动应急预案。

③ 事故调查处理一定要坚持"四不放过"的原则，即事故原因未清不放过、责任人员未处理不放过、整改措施未落实不放过、有关人员未受到教育不放过。

8.5.2　典型事故分析

8.5.2.1　高分液位控制阀堵

（1）事故经过　2002 年 7 月 25 日 15：16 某厂柴油改质装置启动进料泵 P1101，反应系统开始进油，至 23：10 柴油出装置进入成品罐。23：57 时 D1103 液位突然上升至 103%，检查原因是 XCV1105 自保阀动作，而 SIS 未报警，紧急停 P1101A，现场发现 XCV1105 动作后，将 XCV1105 投旁路，自保阀打开。至 0：37 时 D1103 液位恢复正常，重新启动 P1101A，恢复进料。进料量维持在 87t/h。7 月 26 日 14：27 时 D1103 液位又突然上升，最高达 100%，停 P1101A，14：57 时启动 P1101A，自此进料量维持在 70t/h，到 7 月 27 日 2：37 时 D1103 液位需频繁调节副线截止阀才能维持。7 月 30 日由于在系统进料量为 50t/h 的情况下，D1103 液控阀及副线阀已经不能维持 D1103 液面，液控阀及副线阀均有堵塞的迹象，经运行部研究决定装置非计划停工。18：05 时停原料，系统维持 270～280℃进行热氢带油。次日 5：00 时系统泄压至 2.76MPa，此时降温速度缓慢，至 6：40 时系统温度降至 187℃。K1101 转速为 6000r/min，循环氢量为 60000N·m^3/h，至 10：00 时停 K1101，系统泄压。2003 年 LV1109、LV110 拆下，检查发现两个笼式角网阀的流通孔道 90％以上已被焊渣堵死，且发现一块 15mm 长的巴金垫片。

（2）事故经验教训

① 开工前一定要把好施工关，对管线的吹扫、冲洗及爆破一定要做得彻底干净。

② 开工前要对 SIS 自保联锁系统逐一校对，防止自保系统误动发生事故。

③ 以后停车在热氢带油结束后应保持系统压力在 6.0MPa 以上进行降温，这样才能提高降温速度。

8.5.2.2　原料泵抽空

（1）事故经过　2002 年 7 月 28 日某厂加氢装置发现 P1101A 抽空，分析原因为入口过滤器堵塞。决定进行切泵操作。18：17 时停 P1101A，停泵后 P1101A 密封泄漏，检查入口过滤器发现有脏物。启动 P1101B，当时泵出口流量为 65t/h，但泵出口管线振动严重，出口压力波动，电流改动，表现为抽空状态，当时流量为 50t/h，后提量至 80t/h，泵抽空现象消失。判定为 P1101B 最小流量为 75t/h，如泵出口流量小于此值，泵就会抽空。

（2）事故经验教训

① 开工前一定要把好施工关，对管线的吹扫、冲洗及爆破一定要做得彻底干净。

② 新设备出现问题时，要从多方面查找出现问题的原因，并及时总结、整改。

8.5.2.3　循环氢压缩机入口分液罐液面突然升高导致循环氢压缩机联锁停机

（1）事故经过　2002 年 10 月 2 日 5：00 某厂加氢装置因 D1105 液面突然升高导致循环氢压缩机联锁停机，原料泵联锁停泵，分馏系统改循环，9：40 启动原料泵，10：00 柴油走合格线出装置。

（2）事故经验教训

① 对重要参数、重点部位的监控、巡检要及时准确，防止事故发生。

② 严格控制反应系统操作条件，确保油气分离效果。

③ 对重点部位的脱液要制订方案，自动脱液时参数设定值要低；手动脱液时要定时定点。

8.5.2.4　催化剂飞温

（1）事故经过　2002 年 12 月 2 日 16：00 某厂加氢装置由于 3.5MPa 蒸汽带水，造成循氢机振动联锁停机，因 SIS 系统问题，循氢机没有立即启动起来，使改质反应器

R1102 二、三床层出现飞温。18：30 启动循氢机，反应系统热氢带油，19：30 发现R1102 出口法兰，E1101A 管程入口法兰泄漏，并联系处理，12 月 3 日 23：00 开车。12 月 5 日分析精制生成油，改质生成油硫、氮含量低，色度好，但柴油的硫、氮含量高，色度不好，分析判断高压换热器有内漏，12 月 12 日至 12 月 28 日停车处理高压换热器 E1101A，拆卸并送厂家修理。

(2) 事故经验教训

① 在循氢机停机、短时间内不能启动的情况下，要果断启动 0.7MPa/min 紧急泄压系统。

② 启动 0.7MPa/min 紧急泄压系统要采取主线全速泄至没微正压的方案。

③ 加强对公用工程画面的监控，遇到如蒸汽带水等现象时，脱水要及时。

④ 加强对产品性质的监测，及时发现问题，及时处理。

8.5.2.5　装置晃电

(1) 事故经过　2003 年 5 月 14 日 14：32 某厂加氢装置晃电，循氢机因润滑油压力低联锁停机，P1108B、P1102B、A1101B/C/D/G、A1105B 停运。16：00 启动原料泵，16：30 柴油走成品线出装置，恢复正常。

(2) 事故经验教训

① 晃电时，要按照事预案的步骤处理。

② 对各停运机泵的检查要及时。

8.5.2.6　误碰停机按钮，循氢机停机

(1) 事故经过　2003 年 5 月 21 日 15：32 某厂加氢装置因不小心碰了循氢机停机按钮，造成 K1101 联锁停机，在启动过程中发现循氢机电磁阀存在卡涩问题，为了消除隐患，又停机更换了电磁阀。17：40 启动原料泵，18：00 柴油走成品线出装置，恢复正常。

(2) 事故经验教训

① 操作过程中要小心谨慎。

② 对重点部位的操作工具要采取防护措施，并贴标识。

8.5.2.7　仪表假指示，循氢机停机

(1) 事故经过　2004 年 4 月 15 日 16：41 某厂加氢装置，因仪表假指示造成循氢机轴振动联锁停机，分馏部分改循环，17：10 重新启动循氢机，18：00 启动原料泵，恢复生产。

(2) 事故经验教训

① 在平时操作中要掌握重要参数的指示值。

② 加强重要显示画面的监控。

8.5.2.8　安全阀起跳不复位，管线断裂着大火

1993 年 8 月 26 日 6：23，某石化公司炼油厂加氢裂化装置开工过程中，发生一起火

炬管线断裂爆燃着火事故。事故直接经济损失 8.46 万元。加氢裂化装置推迟开工15 天。

当日零点班操作工接班后，见容器、塔液面达到 50％左右时，即关闭界区低氮油阀，停止低氮油。此时反应分馏继续低氮油大循环，反应系统保持恒温恒压，高压分离器 D102 顶压力调节仪表手动操作，凌晨 3：00，D102 压力为 5.61MPa。由于界区低氮油阀停止收低氮油，反应系统低氮油循环量减少，D102 与低压分离器 D103 液面下降。操作工即通过液位控制仪表及室外开工旁路线手阀调节液位，之后便在岗位打盹睡觉。4：30，D102 压力升到 16.5MPa，开始超压，6：07，升到 17.6MPa，D102 顶安全阀起跳，由于安全阀动作期间 O 形密封圈损坏，安全阀失控不能复位，排放量增大。大量高压气排入火炬管网，致使火炬管线受到强烈冲击，发生前后位移、左右摆动及上下振动，造成 9＃路与 7＃路之间 200m 管线从管架上甩落地面。6：30，在距火炬约100m 处有两个焊口发生断裂，大量可燃气体高速喷出来并迅速扩散，约有 15m 长的火炬管线从 5m 高的龙头门架上掉落，与地面碰撞产生火花，引爆可燃气体，在断裂口处着火燃烧。

事故原因：

① 加氢裂化运行部当班操作工违反劳动纪律、工艺纪律、操作纪律，在岗上睡觉，致使 D102 压力超高长达 1.5h，未及时发现和调整，造成安全阀起跳。起跳后又没有及时进行处理，致使安全阀阀芯密封圈损坏，安全阀不能复位，大量气体放入火炬管网。

② 脱硫运行部管线工不认真，致使加氢裂化火炬管线内存液。当加氢裂化安全阀起跳后，大量高压气体喷出，高速气体在管内流动时将液体推向前方，在管线高跨前积聚产生水击，使管线受到强烈冲击而甩落、断裂。

［知识扩展］

（1）发生什么情况时按事故信息来处置？

①各类事故（装置火灾、爆炸）；②主要设备故障或停工；③装置主要工艺参数波动波及装置安全、平稳运行；④燃料、动力供应及收、发物料过程中发生异常；⑤原料、产品（包括中间产品）质量出现异常。

（2）停电处理步骤是怎样的？

内操：

① 关 F1001、F1002 燃料气调节阀，开加热炉快开风门；

② 关冷、热高压分离器减油调节角阀、切水调节角阀，关循环氢脱硫塔切液角阀，监视高压分离器和循环氢脱硫塔液面，严防发生高压串低压事故；

③ 0.7MPa 紧急放空系统自动启动，密切监视调节反应器温度，若反应器平均温度超过正常温度 30℃或床层任一点温度达到 427℃，则启用 2.1MPa/min 放空系统；

④ 关汽提塔、分馏塔、侧线塔汽提蒸汽调节阀；

　　⑤ 关煤焦油、蜡油进料调节阀，关柴油、航煤、石脑油、液化气、尾油出装置调节阀；

　　⑥ 关闭各级泵回流调节阀、除盐水进装置调节阀；

　　⑦ 关稳定塔、汽提塔、分馏塔塔顶回流罐气相出装置调节阀。

外操：

　　① 关加热炉燃料气调节阀手阀；确认紧急放空系统正常；

　　② 关冷、热高压分离器减油调节角阀、切水调节角阀，关循环氢脱硫塔切液角阀手阀；

　　③ 关高压注水手阀、除盐水进装置调节阀手阀；

　　④ 关稳定塔塔底重沸器调节阀，汽提塔、分馏塔、侧线塔汽提蒸汽调节阀手阀；

　　⑤ 关煤焦油、蜡油进料调节阀手阀，关柴油、航煤、石脑油、液化气、尾油出装置调节阀手阀；

　　⑥ 关各压缩机入、出口阀，开放火炬机体泄压；

　　⑦ 恢复各机泵到备用状态。

8.6　消防器材、设施使用方法

8.6.1　灭火器使用方法

8.6.1.1　二氧化碳灭火器

　　(1) 灭火原理　在加压时将液态二氧化碳压缩在小钢瓶中，灭火时再将其喷出，有降温和隔绝空气的作用。

　　(2) 适用范围　用来扑灭图书、档案、贵重设备、精密仪器、600V 以下电气设备及油类的初起火灾。

　　(3) 使用方法　在使用时，应首先将灭火器提到起火地点，放下灭火器，拔出保险销，一只手握住喇叭筒根部的手柄，另一只手紧握启闭阀的压把。对没有喷射软管的二氧化碳灭火器，应把喇叭筒往上扳 70°～90°。使用时，不能直接用手抓住喇叭筒外壁或金属连接管，防止手被冻伤。在使用二氧化碳灭火器时，在室外使用的，应选择上风方向喷射；在室内窄小空间使用的，灭火后操作者应迅速离开，以防窒息。

　　二氧化碳灭火剂是一种具有一百多年历史的灭火剂，价格低廉，获取、制备容易，其主要依靠窒息作用和部分冷却作用灭火。二氧化碳具有较高的密度，约为空气的 1.5 倍。在常压下，液态的二氧化碳会立即汽化，一般 1kg 的液态二氧化碳可产生约 $0.5m^3$ 的气体。因而，灭火时，二氧化碳气体可以排除空气而包围在燃烧物体的表面或分布于较密闭的空间中，降低可燃物周围或防护空间内的氧浓度，产生窒息作用而灭火。另外，二氧化碳从储存容器中喷出时，会由液体迅速汽化成气体，而从周围吸引部分热量，起到冷却的作用。

8.6.1.2　干粉灭火器

（1）灭火原理　利用压缩的二氧化碳吹出干粉（主要含有碳酸氢钠或磷酸氢二铵）来灭火。

（2）适用范围　可扑灭一般火灾，还可扑灭油、气等燃烧引起的失火。

（3）使用方法　干粉灭火器是利用二氧化碳气体或氮气气体做动力，将筒内的干粉喷出灭火的。干粉是一种干燥的、易于流动的微细固体粉末，由能灭火的基料和防潮剂、流动促进剂、结块防止剂等添加剂组成，主要用于扑救石油、有机溶剂等易燃液体、可燃气体和电气设备的初起火灾。干粉灭火器按移动方式分为手提式、背负式和推车式三种。

使用手提式灭火器时，应手提或肩扛灭火器，迅速将灭火器带到火场，距燃烧处3～5m处，放下灭火器，先拔出保险销，一只手握住开启压把，另一只手握在喷射软管前端的喷嘴处，将喷嘴对准燃烧处，用力握紧开启压把，使灭火器喷射灭火。

使用推车式灭火器时，将其后部向着火源（在室外应置于上风方向），先取下喷枪，展开出粉管（切记不可有拧折现象），先拔出保险销，再提起进压杆，喷出干粉，由近至远扑火。如扑救油类火灾时，不要使干粉气流直接冲击油渍，以免溅起油面使火势蔓延。

8.6.2　消防水炮使用方法

装置内配置手动固定式消防水炮，操作灵活，维修方便。炮身可水平回转、俯仰转动，并能实现紧固栓定位锁紧，以利消防人员撤离火场，保护消防人员的人身安全。水炮具有直流和开花两种喷射功能，当喷射水柱时，可扑灭固体火灾；当喷射开花水雾时，可用于火场冷却、消防抢险。

（1）使用方法　先根据现场使用消防水炮的目的是灭火还是冷却，调整水炮前端，使其具有直流或开花功能。然后转动水平和俯仰转轮调整好方位，对准火场目标。最后打开消防水炮阀门开关，开度以打到目标附近为准，再细调水炮方位，直至对准目标。

（2）注意事项　水炮应在使用压力范围内使用。应经常检查水炮的完好性和操作灵活性，发现紧固件松动，应及时修理，使水炮一直处于良好的使用状态；射水操作时，调整好水炮的喷射方向和角度，然后提高至所使用的压力；转动射流调节环即可实现水的直流变换为开花，或将开花变换为直流；每次使用后，应喷射一段时间的清水，然后将水炮内水放净；水炮转动部位应经常加润滑剂，以保证转动灵活；喷射时，炮口前绝不能站人；水炮不能用以扑灭带电设备，以免触电；非工作状态下，水炮应置于水平状态。

第 9 章

DCS仿真操作

9.1 工艺流程简介

9.1.1 装置的概况

中国石油长庆石化分公司加氢裂化联合装置 $120 \times 10^4 \, t/a$ 加氢裂化装置以长庆石化分公司的重柴油和减压蜡油为原料，采用全循环流程操作时，最大限度生产航煤及柴油（多产中油方案），同时副产液化气、轻石脑油、重石脑油，此流程为该装置的主方案；采用一次通过流程操作时，在生产中间馏分油的同时生产尾油，为乙烯项目提供裂解原料。

9.1.2 装置流程说明

9.1.2.1 反应部分

反应部分装置流程见图 9-1。

原料油自上游装置来时，经原料油/航煤换热器（E3409）和原料油/柴油换热器（E3410A/B）换热后进入原料油过滤器（FI3401）；当原料油自罐区来时，先在原料油脱水器（V3401）中脱水后，再经原料油/航煤换热器（E3409）和原料油/柴油换热器（E3410A/B）换热。换热后的原料油通过原料油过滤器（FI3401）除去其中大于 $25 \mu m$ 的颗粒，在给定的流量和原料油缓冲罐（V3402）液位串级控制下与循环油混合进入 V3402。

自 V3402 来的原料油经加氢进料泵（P3401A/B）升压后与换热后的混合氢混合，再经反应流出物/混合进料换热器（E3401A/B/C）换热后进入反应进料加热炉（F3401）加热至反应所需温度。加热后的混合进料进入加氢精制反应器（R3401）进行加氢脱硫、脱氮等反应，加氢精制反应流出物再进入加氢裂化反应器（R3402）进

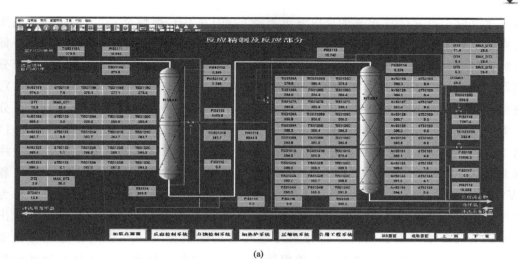

(a)

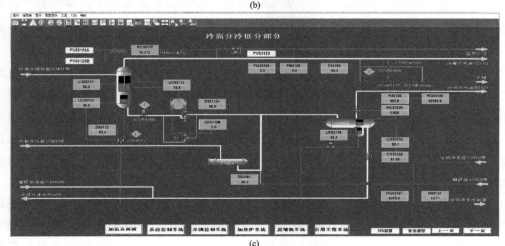

(b)

(c)

图 9-1 反应部分装置流程

行裂化反应。由 R3402 出来的反应流出物经 E3401A/B/C 换热至 270℃后进入热高压分离器（V3403）。热高分气体经热高分气/混合氢换热器（E3402）、热高分气/冷低分油换热器（E3403）换热后经热高分气空冷器（A3401）冷却至 49℃进入冷高压分离器（V3404）；热高分液在液位控制下经过减压后进入热低压分离器（V3405），热低分气经热低分气冷却器（E3404）冷却到 49℃后与冷高分油混合进入冷低压分离器（V3406）。自 V3405 底部出来的热低分油进入分馏部分的脱丁烷塔（T3401）第 27 层塔盘。为了防止热高分气在冷却过程中析出铵盐堵塞管路和设备，通过注水泵（P3402A/B）将脱盐水注入 A3401 上游管线。冷高分气经循环氢聚结器（V3410）脱除液滴后，进入循环氢压缩机（C3401）升压后分成两路，一路作为急冷氢去反应器控制反应器各床层温度，另一路与来自新氢压缩机（C3402A/B）出口的新氢混合成为混合氢；冷高分油与冷却后的热低分气一并进入冷低压分离器（V3406）；冷高分水相为含硫污水送出装置处理。冷低分气至富氢气体脱硫部分脱硫，冷低分液和分馏部分来的富吸收油混合后，再经 E3403 换热后进入 T3401 第 22 层塔盘。

自装置外来的补充氢经 C3402A/B 二级升压后与 C3401 出口的循环氢混合成为混合氢。混合氢经过 E3402 换热后与经 P3401A/B 升压的原料油混合成为混合进料。

9.1.2.2　分馏部分

分馏部分装置流程见图 9-2。

热低分油与冷低分油分别进入 T3401 的第 27 层塔盘和第 22 层塔盘，塔顶气体经脱丁烷塔顶空冷器（A3402）、脱丁烷塔顶后冷器（E3415）冷凝冷却后进入脱丁烷塔顶回流罐（V3411）进行油、水、气三相分离，分离出的气体去轻烃吸收塔（T3406）回收轻烃，油相一部分经 P3403 升压后作为塔回流，另一部分作为脱乙烷塔进料。塔底油分成两路：一路作为分馏塔进料；另一路经 P3406A/B 升压后，再经脱丁烷塔底重沸炉（F3402）升温后返回 T3401 塔底，F3402 出口温度由调节燃料气量来控制。

自 T3401 顶来的液体经脱乙烷塔进料泵（P3404A/B）升压后进入脱乙烷塔（T3402）第八层塔盘，T3402 共有 30 层箭形浮阀塔盘。塔顶气体经脱乙烷塔顶冷凝冷却器（E3416）冷凝冷却后进入脱乙烷塔顶回流罐（V3413），分离出的气体去轻烃吸收塔（T3406）回收轻烃，液体经脱乙烷塔顶回流泵（P3405A/B）升压后全部作为塔顶回流，塔底液体经液化石油气冷却器（E3418）冷却后送出装置去脱硫。塔底热量由脱乙烷塔底重沸器（E3412）提供，热源为航煤产品。

T3401 塔底油经塔底液面控制，再经分馏塔进料/循环油换热器（E3407）与循环油换热后，进入分馏塔进料加热炉（F3403）加热到 385℃，然后进入分馏塔（T3403）第 47 层塔盘，T3403 共有 54 层导向浮阀塔盘，1.0MPa 蒸汽经过分馏塔进料加热炉（F3403）对流段过热后作为分馏塔汽提蒸汽。T3403 塔顶气经分馏塔顶空冷器

（A3403）冷凝冷却后进入分馏塔顶回流罐（V3412），液相经过分馏塔顶回流泵（P3407A/B）升压后一部分作为塔回流，一部分作为石脑油分馏塔（T3407）进料；塔底油经循环油泵（P3414A/B）升压并经过 E3407 和 E3411 换热后作为循环油返回到反应部分 V3402。含油污水经分馏塔顶凝结水泵（P3421A/B）升压后用作反应部分注水，不足部分由脱盐水补充。

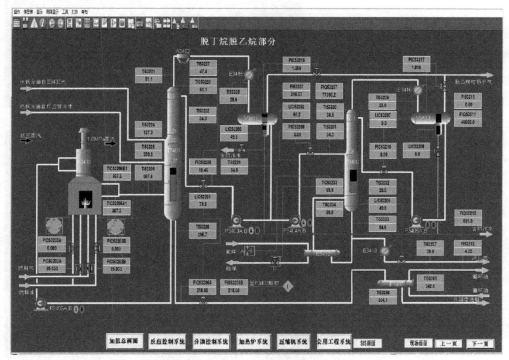

(a)

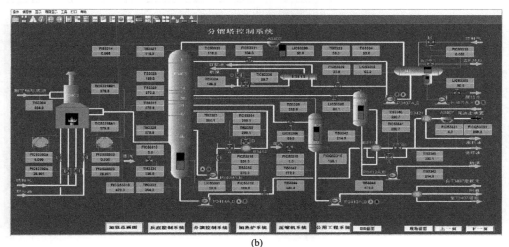

(b)

图 9-2

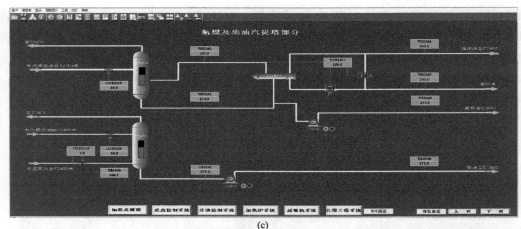

(c)

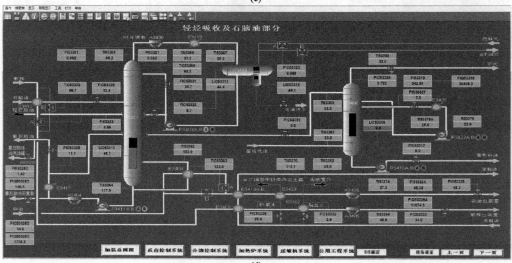

(d)

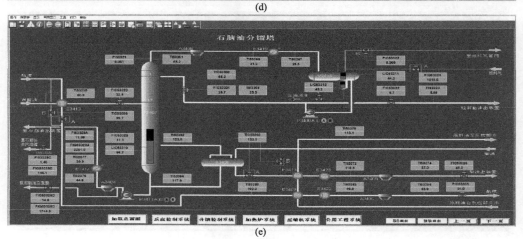

(e)

图 9-2　分馏部分装置流程

航煤汽提塔（T3404）的热源由循环油提供，T3404 共有 10 层导向浮阀塔盘。柴油汽提塔（T3405）采用蒸汽汽提方式，T3405 共有 10 层导向浮阀塔盘。航煤经航煤泵（P3412A/B）升压后去 E3412 做热源，然后经石脑油/航煤换热器（E3413）、原料油/航煤换热器（E3409）、脱盐水/航煤换热器（E3422）和航煤空冷器（A3405）换热冷却后送出装置。柴油由 T3405 塔底抽出，经柴油泵（P3413A/B）升压后去石脑油分馏塔底重沸器（E3408）做热源，然后与原料油和除氧水换热，经柴油空冷器（A3406）冷却后送出装置。

分馏塔设中段回流，回流油自第 33 块塔盘抽出，经分馏塔中段回流泵（P3409A/B）升压、常压塔中段蒸汽发生器（E3414）发生 1.1MPa 低压蒸汽后返回分馏塔。

自 T3403 顶来的石脑油经 E3414 换热后进入 T3407，T3403 塔顶气体经石脑油分馏塔顶空冷器（A3408）、石脑油分馏塔顶后冷器（E3419）冷凝冷却后进入塔顶回流罐（V3414），V3414 中液体经石脑油分馏塔顶回流泵（P3408A/B）升压后一部分作为塔顶回流，另一部分作为轻石脑油产品出装置；塔底液体升压后经重石脑油空冷器（A3404）和重石脑油冷却器（E3417）冷却后一部分作为重石脑油产品出装置，另一部分去轻烃吸收塔（T3406）做吸收剂。T3407 塔底热量由 E3408 提供，热源为柴油产品。

脱丁烷塔顶气、脱乙烷塔顶气混合后进入 T3406 下部，与上部的重石脑油逆相接触，塔顶出来的含硫气体至富氢气体脱硫部分，塔底出来的富吸收油经富吸收油泵（P3410A/B）升压后与冷低分油混合，再经过 E3403 换热后进入 T3401，T3406 中设中段回流冷却器（E3420）。

9.1.2.3 富氢气体脱硫部分

自装置外来的贫溶剂在液位控制下进入贫溶剂缓冲罐（V3427），罐底出来的贫溶剂经贫溶剂泵（P3425A/B）升压后进入富氢气体脱硫塔（T3408）上部。T3408 设三段散堆填料。自反应部分来的低分气、分馏部分来的干气与自装置外来的富氢气体混合，经富氢气体冷却器（E3424）冷却后，进入富氢气体分液罐（V3428）。分离出的液体去液体放空系统；分离出的气体进入 T3408 底部。由塔底上升的气体与由塔顶下流的贫胺液在塔中逆流接触，气体中的硫化氢被胺液吸收。脱硫后的富氢气体在塔顶压力控制下至制氢装置回收氢气。塔底富胺液在塔底液位控制下至装置外再生。

9.1.2.4 催化剂预硫化、钝化流程

为了提高催化剂活性，新鲜的或再生后的催化剂在使用前都必须进行硫化。本设计采用气相硫化方法，DMDS 为硫化剂。催化剂进行硫化时，系统内氢气经 C3401 按正常操作路线进行循环，V3404 的压力为正常操作压力。DMDS 自硫化剂罐（V3419）来，经注硫泵（P3416A/B）升压后注入 F3401 入口管线，按催化

剂预硫化温度控制点要求缓慢提高反应器温度，并按硫化要求进行反应器出口硫化氢浓度的测量。催化剂预硫化过程中产生的水间断地从 V3404 底部排出。当采样点测量结果符合硫化要求，且冷高压分离器中无水生成时，硫化即告结束。硫化结束后，开始低氮油开工循环，并由注氨泵（P3415）将无水液氨注入裂化反应器进行钝化。

9.1.2.5 公用工程部分

（1）冲洗油系统　由于该装置加工的是重柴油和减压蜡油，易凝易堵，所以装置内设置了冲洗油系统。冲洗油系统包括冲洗油罐（V3424）和冲洗油泵（P3420A/B）及相应管路系统。冲洗介质为柴油，正常生产时，可用装置自产柴油。对原料油处理系统、脱丁烷塔底油系统和分馏塔底油系统的机泵、管道，均设置固定的冲洗油管线。

（2）火炬放空系统　装置内设置火炬放空系统，所有安全阀放空、紧急泄压、可燃气体管道吹扫放空均排入密闭的火炬放空系统。放空气经放空罐（V3415）分液后送至全厂火炬系统。放空罐的污油经放空油泵（P3419）升压后送至全厂污油系统。

9.1.2.6 中和清洗设施

为防止反应部分奥氏体不锈钢设备在停工期间可能产生的连多硫酸应力腐蚀，在反应部分设置必要的可拆卸短管，供连接临时管道进行中和清洗。

9.2 复杂控制回路

9.2.1 加氢裂化复杂控制回路

加氢裂化复杂控制回路表见表 9-1。

表 9-1　加氢裂化复杂控制回路表

类型	位号	复杂回路说明
分程控制	PIC53101;PV53101A(FC)火炬,PV53101B(FC)燃料气	V3402A 压控
	PIC53120;PV53120A(FC)火炬,PV53120B(FC)燃料气	V3407 出口压控
	PIC53315;PV53315A(FC)火炬,PV53315B(FC)燃料气	V3412 压控
	PIC53322;PV53322A(FC)燃料气,PV53322B(FC)火炬	V3414 压控
	PIC53341;PV53341A(FC)燃料气,PV53341A(FC)火炬	V3427 压控
	PIC53401;PV53401A(FC)火炬,PV53401B(FC)燃料气	V3424 压控
压力分程低选控制	PIC53125,PIC53131A,PIC53131B,PIC53132	新氢压缩机,冷高分压力控制

续表

类型	位号	复杂回路说明
串级控制	TIC53116A1(主)，PIC53109A(副)	F3401/A 路出口
	TIC53116B1(主)，PIC53109B(副)	F3401/B 路出口
	LIC53107(主)，FIC53120(副)	V3405 液控
	TIC53320(主)，FIC53205(副)	V3427 液控
	LIC53201(主)，FIC53206(副)	T3401 底液控
	LIC53202(主)，FIC53208(副)	V3411 底液控
	LIC53207(主)，FIC53210(副)	V3412 底液控
	TIC53320(主)，FIC53311(副)	T3403 顶出口温控
	LIC53301(主)，FIC53312(副)	T3403 底液控
	LIC53302(主)，FIC53320(副)	V3412 液控
	LIC53308(主)，FIC53317(副)	T3406 液控
	TIC53360(主)，FIC53321(副)	T3407 出口温控
	LIC53310(主)，FIC53328(副)	T3407 液控
	LIC53311(主)，FIC53322(副)	V3414 液控
选择串级控制	TIC53208A1(主)，PIC53202A 或 PIC53203A(副)	炉 3402 左出口温度
	TIC53208B1(主)，PIC53202B 或 PIC53203B(副)	炉 3402 右出口温度
	TIC53318A1(主)，PIC53302A 或 PIC53303A(副)	炉 3403 左侧出口总管温控
	TIC53318B1(主)，PIC53302B 或 PIC53303B(副)	炉 3403 右侧出口总管温控
三冲量控制	LIC53501(主回路) FIC53501(副回路) 蒸汽流量 FI53502	V3601 液位控制
反喘振控制	PIC53126，FIC53129	C3401 反喘振控制

9.2.2　分程控制回路

分程控制特点：一个 PID 调节器的输出送往两个执行器（阀门），而且各个执行器（调节阀）的工作范围不同。

注意：当在 PID 调节器操作面板中的 Out 数值在 0～50 之间变化时一个阀门动作，此时另外一个阀门可能处于全开或者全关的位置，这和阀门的开关特性（就是风开阀和风关阀）有关；当 Out 数值在 50～100 之间变化时另外一个阀门动作。

注意：每个分程回路 PID 调节器的 Out 数值与阀门开度的对应关系可能不一样，需要时可以点击阀门的手动/自动切换开关来查看阀门的真实开度。

手动控制：每个阀门都可以单独手动控制，方法是双击每个阀门对应的手动/自动切换面板，在 Out 编辑框中输入阀门的希望开度数值，此时阀门手动/自动切换面板不接收 PID 调节器输出 Out 信号。

以原料油缓冲罐 V3402 压力控制 PIC53101 为例，如图 9-3 所示。

图 9-3　压力控制回路示例

调节过程：当压力小于设定值时，输出减小，首先关小放火炬阀 A（如果输出在 51％～100％，放火炬阀打开的话），如果压力还低于设定值，则逐渐开大燃料气阀 B；当压力大于设定值时，输出增加，首先关小燃料气阀 B，如果燃料气阀关闭后还不行的话，逐渐打开放火炬阀 A。

当 A、B 阀手操器都打到自动时，阀门开度与调节器输出关系如下：

PIC53101	0％	25％	50％	75％	100％
PV53101A	0％	0％	0％	50％	100％
PV53101B	100％	50％	0％	0％	0％

使用方法：回路中两个阀门都有手动/自动切换功能，打到手动时，阀门不能接收 PID 调节器输出 Out 信号；打到自动时，阀门接收 PID 调节器输出 Out 信号。

注意：分程控制在由手动切换到自动前应检查调节阀手动/自动切换面板输出数值和 PID 调节器输出 Out 信号是否对应（注意：不是数值相等，而是线性转换数值后数值相同），否则投自动时，调节阀会由手动/自动切换面板命令开度跳到调节器命令开度。

9.2.3　串级控制和选择串级控制回路

串级控制有两个闭环回路。主、副调节器串联，主调节器的输出值作为副调节器的给定值，系统通过副调节器控制调节阀动作，实现对主调节器控制对象的控制（图 9-4）。

手动控制模式：将副调节器面板操作模式从 🖐 切换为 🖐 即可。

自动控制模式：一般先副回路后主回路。

① 将主回路和副回路都切换为手动模式，即 M 。

② 和单回路一样，将副回路切换为 A 和 I ，即单回路自动控制内部给定模式。

③ 将副回路给定切换为外部给定，即 E 。

④ 将主回路切换为自动模式，即 A 。最后副回路为 A 和 E ，主回路为 A 和 I ，就表示整个串级控制回路投到了自动控制模式。

选择串级控制中副回路可以进行二选一选择，例如加热炉 F3402 左出口温度控制，

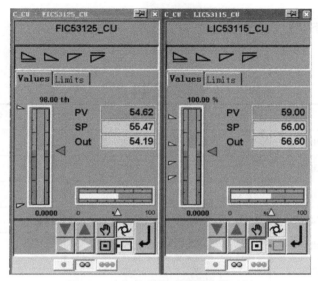

图 9-4　串级控制主、副调节器面板

使用燃料气时切换到燃料气压力控制回路 PIC53202A，使用燃料油时选择燃料油压力控制回路 PIC53203A，其他使用方法和一般串级控制相同。

9.2.4　汽包液位三冲量控制回路

该控制回路为典型三冲量控制系统（图 9-5）。三个冲量为：液位冲量 LT53501/LT53502、蒸汽流量冲量 FT53502、锅炉给水流量冲量 FT53501。其实质为串级调节，主回路为汽包液位，其输出值与蒸汽流量经过计算后作为副回路的设定值。

控制目的：为了防止汽包出现干锅或者超液位事故，克服虚假液位，保证汽包的平稳操作。

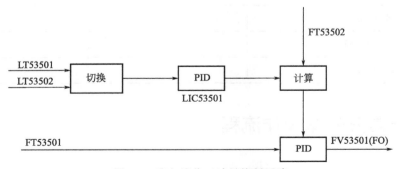

图 9-5　汽包液位三冲量控制回路

三冲量的手、自动切换和普通串级控制回路是相同的。

9.3 工艺卡片

工艺卡片见表9-2。

表 9-2　工艺卡片

项目	单位	正常值	控制指标
R3401 一床入口/出口	℃	390/405	
R3401 二床入口/出口	℃	399/410	
R3402 一床入口/出口	℃	380/388	
R3402 二床入口/出口	℃	380/389	
R3402 三床入口/出口	℃	380/390	
脱丁烷塔顶温度	℃	65～90	
分馏塔顶温度	℃	100～130	
航煤汽提塔	℃	184	
柴油汽提塔	℃	273	
石脑油分馏塔	℃	50～70	
脱丁烷塔操作压力	MPa	1.2～1.55	
分馏塔操作压力	MPa	0.06～0.09	
石脑油分馏塔操作压力	MPa	0.06～0.13	
脱丁烷塔塔底温度	℃	306	
分馏塔塔底温度	℃	353	
航煤汽提塔塔底温度	℃	190～220	
柴油汽提塔塔底温度	℃	261	
石脑油分馏塔塔底温度	℃	125	

9.4　正常开停车操作流程

9.4.1　正常开车

正常开车流程如下。

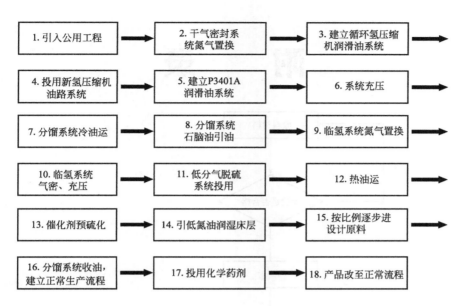

9.4.2 正常停车

正常停车流程如下。

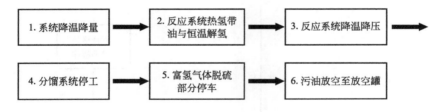

附　　录

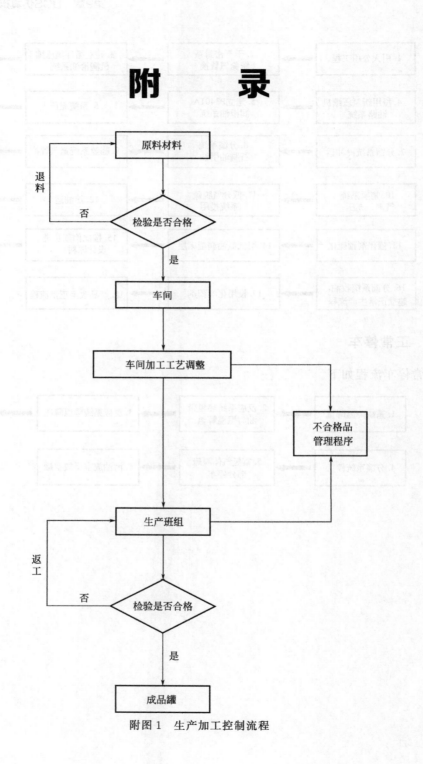

附图 1　生产加工控制流程

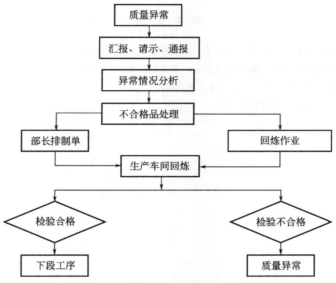

附图 2　产品质量异常流程

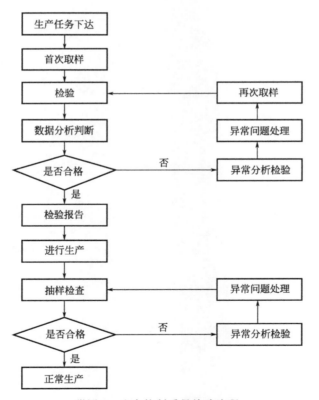

附图 3　生产控制质量检验流程

参 考 文 献

［1］ 孙建怀.加氢裂化装置技术问答.第 2 版.北京：中国石化出版社，2017.

［2］ 史开洪.加氢精制装置技术问答.第 2 版.北京：中国石化出版社，2016.

［3］ 李杰，孙晓琳.燃料油生产技术.北京：化学工业出版社，2012.

［4］ 盘锦浩业化工有限公司深度加氢操作规程.